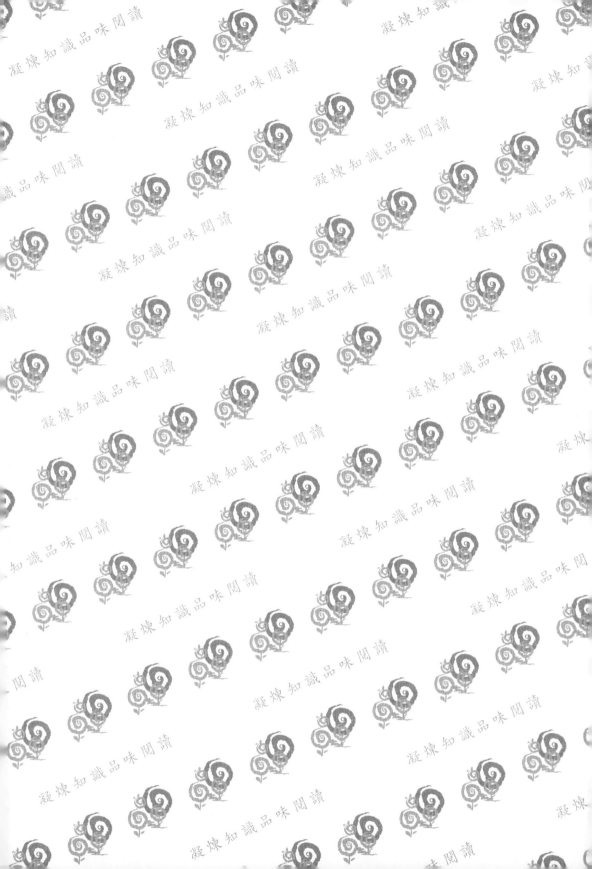

地球生命簡史

A Brief History of Life on Earth:
An Evolutional Aspect on Biology

五南圖書出版公司 印行

蔡宏斌 著

前言

　　生命是什麼？或許可以說就是活著（Life is to live）。而具有生命現象者就是生物。事實上，生命還真的很難定義。譬如說我們通常把腦死當作人的死亡，生命消逝了。可是，人的幹細胞還可以經由細胞培養的技術來複製，那麼，幹細胞還活著嗎？地球上的生物學家通常認為生物的特徵為：細胞結構、新陳代謝（維持生命的化學反應的組合）、恆定性（homeostasis）、生長與繁殖、遺傳。另外的特徵為適應環境以及對刺激作出反應。當然，我們不易找到公認的定義。簡單來說，生命就是具有生命機制的物體。地球之外有沒有生命，這是有待驗證的問題。從地球生命的演進來看，宇宙其他地方是有很大很大的機會演化出生命的。至於是否有外星智慧生命？還是有可能的。而從地球生物的壽命來看，有智慧的外星生命能夠造訪地球的機率是無限接近於零的。

　　有適當的環境與條件，譬如說有液態水及有機物的環境與源源不絕的能源，就有機會形成生命。至於會變成怎樣的生命，就要看是如何演化的，這是個多變數函數。所以地球生命史就是生命演化的歷史。

1

前言

1. 地球的出現

　　我們的宇宙約在 137 億年前，由一個溫度極高、密度極大、體積極小的原始奇異點經由大霹靂爆炸後，經一百多億年膨脹演化而形成。

　　約 46 億年前，銀河系有一片數光年大的雲氣，稱為原始太陽星雲。這是典型的雲氣，其主要成分是氫與一些氦，更重要的是還有前幾代恆星所製造的少量重元素所形成的灰塵，係由超新星爆炸所吹來的。重力使雲氣旋轉，在合適的條件下雲氣坍縮了。坍縮時因為角動量守恆，使得轉動得越來越快，開始變得扁平，成為圓盤狀。而雲氣核心集中了大部分的質量。重力收縮使核心溫度提高，當核心溫度到達約 1000 萬度，便點燃了氫的核融合，那就是太陽。此過程也許經過了約 10 萬年，而剩下一輪塵埃圓盤，即所謂的原始行星系圓盤。

　　太陽之外，原始行星系圓盤擁有約 1～2% 的太陽質量。原始行星系圓盤的主要成分為氫及氦，還有一些岩石、鐵、冰，及其他化合物的成分。也就是說旋轉的雲氣中含有的眾多的懸浮塵埃。塵埃一開始是 1 微米以下的固體粒子。在低溫下，水與二氧化碳等簡單的分子都可黏附於塵埃上，更何況是複雜的分子如甲醛、氫氰酸、乙二醇醛（glycolaldehyde）等前生物分子。也就是說構成地球生命的材料來源似乎是早存在於宇宙全域。這些塵埃隨圓盤一起旋轉，並凝聚吸積。微米級的粒子間重力吸引力很微弱，之所以聚集在一起靠的是電磁力，也就是靜電吸引力或是凡得瓦力。

當聚集得更大時，重力開始顯著，使得大者會更大，形成各種大小的岩塊。較大的顆粒會吸引較小者，就像滾雪球般越滾越大。當尺寸到達約數公里時，重力已成為主導者。這時可稱為微行星（planetesimal），重力會使其凝聚變圓，就有點像天體了。微行星繞行太陽，彼此碰撞而逐漸成長。有一些聚集成月球般大小的原行星（proto-planet）。約 100 萬年左右後，太陽系成為生氣蓬勃的系統，或許含有約 20 顆月球般大小或更大的天體，寬度大於一公里者約 100 億顆，而更小的物件就更多了。那麼多的物件彼此碰撞，有些黏在一起，有些散開，又被重力拉扯，或許也還會聚集。

木星所在的位置以吸納質量的觀點來看可謂得天獨厚。在那位置周圍，冰會凝聚，以致固體行星材料的質量增大。推測原行星的質量的可能達到 5 至 10 倍地球質量，重力變得非常強而能維持大氣。於是乎圓盤上大量的雲氣被原行星捕捉了，同時更多的微行星加入了。如此推波助瀾，太陽系最大的氣體行星，木星，形成了。約花費了 500 萬年，木星達到最終質量。木星的岩核達約 29 倍地球質量，而所捕獲的大氣質量達約 288 倍地球質量。土星的岩核與木星相當，也能吸納圓盤上的雲氣成為氣體行星。由於位置的關係，土星所捕獲的大氣僅有木星的四分之一。土星約花了 700 萬年達到最終質量，約 95 倍地球質量。更偏遠的天王星與海王星，大小分別約為 14 及 17 倍地球質量，也有趨勢形成大型氣體行星。然而，偏遠位置代表微行星密度低，天王星與海王星達到 5 至 10 倍地球質量時或許圓盤上的雲氣量已相當少了，大部分被木星及土星捕獲了。所以天王星與海王星沒能形成氣體行星，而成為中型冰行星。之所以成為冰行星是由於天王星與海王星位置已超過太陽系的冰凍線，一些化合物與水等易揮發物質如今業已被凍結。再往外

的冥王星與其他天體，無法捕獲雲氣，僅能以碎片、冰塊等來形成。有些形成冰凍彗星，位於天王星之外，甚至棲息古柏帶或更遠的奧爾特雲。

　　類地行星（水星、金星、地球及火星）形成的過程類似地球。地球軌道一帶無數的微行星相互撞擊，聚集成長。而其中最大的一顆以重力更為有效地聚集周邊的微行星，逐漸成長為原地球。原地球也許有原生大氣，原始雲氣殘存下來的氣體（主要是氫和氦），但會被太陽風（太陽所噴發出來的高速帶電荷質點）一掃而光。變大的原地球接連被微行星撞上，能量化為熱而使原地球溫度增高。微行星所含有的易揮發成分便因碰撞而逸散，於是氣體脫離。此氣體的主要成分為水蒸氣。原地球的直徑達到約現今的地球的 1/3 以後，重力已足以維持保持一些氣體。於是乎原地球開始環繞著一層原始大氣。而原始大氣的重要成分水蒸氣具有溫室效應。當原地球的直徑達到約現今的地球的 1/2 以上後，微行星的碰撞速率變快了，加上原始大氣的溫室效應，原地球的表面溫度大幅增高。於是乎岩石融解了，最後形成了深度約幾百公里的岩漿海。岩漿海之中，密度較大的鐵等金屬往下沉，密度較低的岩石漿浮起。之後，每當微行星撞擊原地球，所帶來鐵質都會融化，而後再沉入中央形成鐵核。

　　類地行星大致是如此的，受了撞擊，溫度增高。而若撞擊次數夠多，或撞進來的天體夠大，就變得熾熱，鐵就從岩質原料當中融解出來，沉入岩漿內形成鐵質核心。這類撞擊事件在太陽系出現後的一億年間發生得很頻繁。其中一起重大撞擊完全影響了地球，並形成了月球。原地球長成接近最終質量後約 1000 萬年，有一顆火星大小天體撞擊了地球。猛烈的撞擊產生巨熱，以致兩個鐵核相

融，而地球的岩質外殼也向外拋上太空，形成一道環圈。過了一段時間，拋射出的物質因重力牽引聚攏，凝結成月球。由於是外殼物質形成的，以致月球沒有鐵核。類地天體或其他的太陽系大型天體皆有鐵核。月球還讓地球降低地軸的瘋狂擺動，使得最後地球和緩搖轉。更為有趣的是月球總是以同一面朝向地球，此應係由於潮汐力學作用所造成的結果。而地球相對於太陽的傾角，後來造就出四季更迭溫和變化。換言之，月球如此形成將對地球生命演化有決定性的影響。

經過約 1 億年頻繁轟炸，太陽系就沉靜下來了。撞擊少了，地表就會固化。類地行星也大致是如此的。較為穩定的軌道使撞擊減少。也許是巨大氣體行星的位置轉移，複雜的潮汐效應又攪亂了太陽系。於是乎太陽系形成後約 5 到 8 億年（距今 41 億至 38 億年前），轟炸又重行轉劇。這段晚期重轟炸期讓地表一再融解，也讓地質時鐘歸零。之後，太陽系變得相當安定，天體運行也跟現今所見相似。也就是說太陽系已然形成，數大行星繞行太陽，其他天體大都擺進了小行星帶，古柏帶或奧爾特雲。

當地表冷卻後，地球就成了地殼－地函－地核的結構。地球形成後約 1 億年後，微行星撞擊少了很多，水蒸氣也凝結成雨滴，也就形成了原始海洋。而地函岩漿流動偶爾衝出地殼，也就是火山了，可能高出海面而形成陸地。火山爆發也讓許多氣體釋出，從而形成了第二道大氣層。新的大氣層可能包括氨、甲烷、水蒸氣、二氧化碳、氮氣等氣體。而在晚期重轟炸期，或而某大天體撞擊使地表融解，高溫也使水蒸發，大氣充滿了水蒸氣。約 38 億年前，地球冷卻，大雨滂沱，水匯集起來形成了海洋。到如今，海洋的的面積占了地球表面的 70%。

　　海洋也影響了地函的活動。地函對流，有上升，有下降，有平移，又牽扯地殼板塊，或許有週期性，使得突出海面的大陸持續成長。海洋地殼由海底火山的噴出物累積而成，厚度約 5 公里。而大陸地殼的厚度可達約 30 至 40 公里。某些時期激烈的火山活動使大規模的熔岩流出，也使大陸地殼大為成長。大幅成長的時期有三次，分別約為 27 億年前、19 億年前以及 6 億年前。所相應的，大陸會反覆分裂並再次聚攏成超大陸。大約 19 億年前形成了內納超大陸，其後分裂。約 14 至 15 億年前，潘諾西亞（Pannotia）超大陸形成了。之後分裂。約 7 至 10 億年前形成了羅迪尼亞（Rodinia）超大陸。約 7 億年前，羅迪尼亞分裂成 3 塊，隨後在約 6 億年前合體，最後形成盤古大陸。之後，盤古大陸分裂成北邊的勞亞大陸與南邊的岡瓦納大陸。隨後，勞亞大陸分裂成歐亞大陸與北美大陸。岡瓦納大陸分裂以後，就變成現今的大陸分布。

　　約 38 億年前的暴雨期使大氣中的水蒸氣大部分消失。雨滴也會吸收二氧化碳，二氧化硫和氯氣。二氧化碳溶於水中形成碳酸，最終進入海洋，與鈣、鎂等離子結合成碳酸鹽礦物質沉積到海底。於是乎大量的二氧化碳也從大氣中消失了。如此，大氣中的主體為不溶於水的氮氣。也就是說如果沒有海洋，地球的大氣應會如金星一般充滿了二氧化碳。而如果沒有生命，如今地球的大氣主要成分應為氮氣。

2. 生命的開始

太陽系的原始行星系圓盤的主要成分為氫及氦，還有一些岩石、鐵、冰，及其他化合物的成分。也就是說旋轉的的雲氣中含有眾多的懸浮塵埃。在低溫下，水與二氧化碳等簡單的分子都可黏附於塵埃上，更何況是複雜的分子如甲醛、氫氰酸、乙二醇醛等前生物分子。也就是說構成地球生命的材料來源似乎是早存在於宇宙全域。

米勒 - 尤列（S. L. Miller, H. C. Urey）實驗說明原始大氣的一些成分如氫、甲烷、氨與水等在火花放電下可形成幾種氨基酸。而某些隕石含有類似的氨基酸成分。此進一步指出構成地球生命的許多原料可能來自於地球之外。

我們可以這樣說：地球生命現象係由眾多的化學反應所組成。所以生命的演化往往就是化學反應途徑的選擇。影響化學反應途徑及速率的一個重要因素為催化劑（或稱觸媒）。而地球生命中扮演催化劑的主要角色為蛋白質，於是乎組成蛋白質的氨基酸便是生命起源的原料。生命的一個重要特色是要延續生命，也就是要能進行自我複製（繁殖）。地球生命採用含鹼基的核糖核酸或去氧核糖核酸來進行複製。因此，核糖、磷酸、核酸鹼基等有機分子也是生命起源的原料。生命現象的大部分化學反應係在水中進行，所以地球生命的起源地應在海洋。

想要讓蛋白質具有催化功能，必須有液態水的存在。因此，也有人認為生命存在的首要條件為類地星體或行星表面有沒有液態水

的存在。如此，有人將液態海洋能存在的軌道半徑領域稱爲可居住區（habitable zone）。以太陽系爲例，越接近太陽的行星的大氣溫度越高，以致水分子易於逸散。譬如說金星擁有很厚的大氣，但水含量極低。主要是大氣水分子來到上空受到太陽的紫外線照射會分解成氫原子與 OH 分子，而氫原子會更旺盛地逸散至外太空。如此，現在的金星只有少量的水存在。而越遠離太陽的行星，溫度越低，水會結成冰，也沒有海洋。有人推測太陽誕生以來的 46 億年間一直是可居住區爲距太陽 0.95 至 1.15 天文單位（地球繞太陽的軌道半徑）的範圍。

當地表冷卻後，地球就成了地殼 - 地函 - 地核的結構。地球形成後約一億年後，微行星撞擊少了很多，水蒸氣也凝結成雨滴，也就形成了原始海洋。外來的天體如微行星、隕石、彗星等帶來了水，也帶來如甲醛、氫氰酸、乙二醇醛等前生物分子。在海洋中，化學反應途徑更加多元了。如此，原始海洋中累積了許多如核糖、磷酸、核酸鹼基、氨基酸等有機分子，或可稱爲有機原湯。可是，要憑著機運直接組成了具有功能的蛋白質的機率實在太低了。更何況是直接組成一個細菌（可能擁有約兩千種蛋白質），那就是不可能的。然而，大自然組裝事物並不是直接從頭開始。其實只要天擇（自然的選擇）就可說明了。所以說生命的演化往往就是化學反應途徑的選擇。如果某種蛋白質能促使特定反應快一點，那麼，那種蛋白質被選中的機會就會高於讓特定反應維持原樣的蛋白質。另一方面，讓那特定反應減緩速率的蛋白質就被淘汰了。

既然生命是源於化學反應途徑的選擇，演化論是顯得相當合理。達爾文提出「物種起源」（On the Origin of Species, 1859）的那個時代，滅絕顯然是演化的定則，存活往往是種例外。也就是

說生命總是遵從自然的選擇，即天擇。所謂的物競天擇，適者生存，那是從分子尺度就開始了。

在有機原湯中，許多氨基酸或許在深海熱泉（hydrothermal vent）作用下組成各式各樣的多胜肽（polypeptide）。現今的蛋白質通常是具有特定的催化功能的多胜肽。當時，太陽的強度可能約只有如今的 80%，所提供的能量不足以讓海洋中的氨基酸連接成多胜肽。很像地熱，深海底從地函湧出岩漿的熱點將海水加熱，高溫海水噴出，隨即被周圍冷水冷卻，如此深海熱泉所造成的溫差便成為化學反應的能源。有些多胜肽具有微弱觸媒作用，也漸漸形成了蛋白質世界。另一方面，核糖、磷酸、核酸鹼基也可能在深海熱泉影響下形成核糖核酸（RNA）鏈。RNA 也具有觸媒功能，也許有些黏土結晶的結構被選來鑄型（黏土鑄型說），在深海某處熱泉誕生了以 RNA 構成的自我複製系統。如此形成了 RNA 世界，並開始演化。

同處於深海熱泉地域的 RNA 世界與蛋白質世界勢必會接觸、交流，於是乎有些具有更為有效催化效用的分子因自然的選擇而存留下來了。以功能來說，RNA 因核酸鹼基互補氫鍵作用力強而具有自我複製的能力，而蛋白質具有更為有效的催化能力，二者結合顯然更為有利。很合理的，跟隨著 RNA 的訊息，逐漸發展成具有蛋白質的核醣核蛋白（ribonucleoprotein）世界。RNA 可自我複製，可轉譯成蛋白質，而蛋白質酵素有催化功能，組合起來也可用來製造各種生化分子，演化也因此加速。

RNA 雖可自我複製，其劣勢為在水中穩定性並沒那麼好。也就是說更為穩定的 DNA（去氧核糖核酸）最後被選擇出來了。於是乎自我複製角色由 RNA 轉移到 DNA，形成了 DNA 世界。如

此，DNA 構成了更佳的自我複製系統，很自然的成爲複製主體作爲基因，而原本的 RNA 成爲信使，作爲翻譯成蛋白質之用。兩條鹼基互補的 DNA 分子形成了雙螺旋結構，安定性顯然遠超過 RNA。想要複製，也比較方便。只要啓動機制，拉開 DNA 分子，利用蛋白質酵素催化便可進行 DNA 複製。而某段 DNA 可轉錄成所謂的信使 RNA，再翻譯成蛋白質。自我複製、轉錄以及翻譯的過程，也都是借著蛋白質酵素的催化作用來進行的。而那 DNA 片段便是所謂的基因。如此，生命化學反應的演化邁入了基因的天擇。

高溫液體從深海熱泉持續噴出，旋即被周遭的海水冷卻。約 40 億年前，在大幅溫度變化的深海熱泉周遭出現各種泡泡般的系統，將生命化學反應相關的分子包在袋子裡，也就是原始細胞。保護細胞的袋子係由磷脂質所形成的雙重膜所構成的。磷脂質就是一類界面活性劑，有一端是親水的頭及一段親油的疏水性的尾巴，在水中很容易形成泡泡。偶爾雙重膜泡泡將一些分子包在裡面。外面是海水，親水性的頭使其穩定地分散在海水中。裡面的生命化學反應相關的分子形成一個反應系統。熱力學第二定律告訴我們，封閉系統的熵（亂度）總是越來越高的。換言之，封閉的泡泡隨著反應的進行，最終勢必將崩解。許多的原始細胞也許瞬間展現了彩虹般生命光輝，卻如泡沫般消逝。如果能夠從外部攝取所需的能量，將內部所增加的熵丟到膜外，此種開放的系統將會比較穩定。而偶然出現如此機制的原始細胞存活下來了。純粹磷脂質所形成的雙重膜雖無法達成此功能，加上蛋白質便可以。各式各樣的蛋白質可浮在雙重膜中，即所謂的膜蛋白。有些膜蛋白貫穿了雙重膜，形成了宛如管子的結構，可選擇性讓特定的物質或離子通過。於是乎原始細

胞的細胞膜演化成具有選擇性的半透膜，也將進化出各式各樣的控制功能。也就是約 40 億年前，深海熱泉附近出現了單細胞生命，細菌（bacteria）與古菌（archaea）的祖先。古菌為尚未發展出細胞核的原核生物。沒想到吧，現今還有無數的古菌存活著，約占有地球生命數目的 20%，還歸屬於一個域。為了適應千變萬化的環境或搶奪資源，或許有些細菌、古菌也陸續發展出各種特別的功能。或許更為原始的細菌演化成細菌與古菌。細菌是屬於另一域的原核生物。

生命總是在爭搶物質與能源的。無數的古菌、細菌吞納著原始有機原湯，有時也彼此吞噬。不久，有機原湯開始枯竭。那兒有能源呢？就近利用是個方式。於是乎將海底噴出的熱水或海水中所含的硫化氫氧化所得的能量儲存在腺核苷三磷酸（adenosine triphosphate, ATP），便成為有效的機制。ATP 就成為地球生物主要的能量儲存物質。

深海熱泉所能提供的能量畢竟有限，有些生命勢必往外找出路。出現於淺海的細菌有機會感受到陽光的能量。於是乎利用光能的細菌出現了。也就是說利用光合作用的細菌演化出來了。更為原始的光合作用細菌有紅色細菌及綠色細菌等，利用葉綠素（依吸收波長不同有 A、B、C 等幾種葉綠素）吸收光能進行一些化學反應。有些可從水與硫化氫製造有機物或硫磺，也有些利用光能分解有機物取得能量。源源不絕的資源總是生命的最愛，陽光與二氧化碳似乎是絕佳的選擇。約 35 億年前，藍綠菌（cyanobacteria）出現了。藍綠菌也就是一般所謂的藍藻。藍綠菌組合了紅色細菌以及綠色細菌的機制，利用葉綠素 A 吸收陽光將二氧化碳及水合成出醣類，並釋放出氧氣。如今，植物也是利用如同藍綠菌的光合作用

來汲取陽光的能量。

　　約 30 億年前，地球內部的地核分離成固化的內核與液體鐵的外核。流動的液體鐵使地球周圍形成了強大磁場。地球磁場阻擋了帶電粒子的太陽風的直接侵襲。以是，生物（各種細菌）得以進入淺海地區。於是乎大量的藍綠菌可在淺海大量繁殖，進行光合作用，並開始釋放出可觀的氧氣。

　　藍綠菌或其他行光合作用的細菌帶來了氧氣，會先把易被氧化的物質變成氧化物，譬如說鐵被氧化成氧化鐵。氧化過程結束之後，大氣中的含氧量就開始提高。約 24 億年前，大氣中的含氧量僅提升至約 0.1%，到了約 20 億年前達到約 3%，約 3 億年前甚至達到約 35% 的高峰，如今含量約為 20%。氧氣的出現對於在無氧環境中誕生的許多初期生命造成極大的困擾。或許可以說這就是有害的環境汙染。許多生物滅亡了，而有些生命體進化出適應氧氣環境的功能，甚至讓氧參與代謝：有氧呼吸。而部分生命體逃往無氧的環境，如今仍存留許多厭氧的細菌與古菌。

3. 遠古生物演化的證據

　　前述的生命演化歷程雖屬合理，然而，科學家卻缺乏極為直接的證據。我們通常是從現今的物種去追溯演化史。以古鑑今是歷史的明律，而在生命演化史上，借今溯古也是不得已的手段。早期的物種多已滅絕，能夠保留下來的證據（譬如說化石、基因）可說是鳳毛鱗爪的極少數。表 1 列出一些前寒武紀的化石證據所相關的重要生命事件。

　　構成地球生命的原料如一些有機物或前生物分子早已存在於太陽系了。這倒是有充分的證據。我們現在已了解到常常造訪或接近地球的彗星以及隕石上會形成複雜的有機物質。彗星撞地球可能摧毀了有機物質，可是，只是接近的話，其尾巴的物質可能進入地球。彗星的尾巴是因被太陽加熱所噴發出來的物質，有些較小顆粒或灰塵可能在大氣上層便減緩速度，然後慢慢往地表飄落。美國太空總署的 U2 偵查機曾擷取從大氣平流層往下飄落的彗星灰塵，分析發現其中充滿了有機物質。另外，1969 年在澳洲發現的默奇森（Murchison）隕石中含有許多複雜的有機分子。一般有機物外，其中還有胺基酸、磺胺酸、核鹼基如嘌呤和嘧啶等。當然，地球在早年也有形成這些複雜的有機分子的條件，只是證據已然因生命的演化而被掩蓋了。

　　有了原料，觸媒作用的選擇逐漸形成了蛋白質世界以及 RNA 世界。RNA 可自我複製，可轉譯成蛋白質，而蛋白質酵素有催化功能，組合起來也可用來製造各種生化分子，演化也因此加速。雖

說在約 40 億年前出現了所謂的 RNA 世界，但至今並沒發現到具體的化石證據。不過我們從現今存在的 RNA 病毒的約略可以看出些端倪。

RNA 病毒是生物嗎？對生物學家而言倒是非常清晰單純：生物都有細胞，而且能夠獨立生長與繁殖。病毒沒有細胞，所以不是生物，但病毒具備了生物的部分特性。RNA 病毒是由蛋白質包裹著 RNA 片段而成。RNA 病毒無法自己繁殖，但能在宿主細胞內完成複製繁殖。所以病毒可以說是寄生性的化學物質。一般會如此描述：病毒是介於生命體及非生命體之間的有機物種。

造成人類後天免疫不全的愛滋病毒（human immunodeficiency virus, HIV）的運作或許可以讓我們了解 RNA 世界。HIV 具有兩條相同的 RNA，被蛋白質外鞘包裹成半錐狀殼體（capsid）。其殼體外還有一層套膜（envelope），主要由磷脂質雙層所構成。套膜上還有許多的蛋白質，以及糖蛋白，聽起來就像細胞膜的結構。被套膜保護的 HIV 看起來類似微小球體。HIV 在體外沒有活性。如若 HIV 顆粒進入人類血液中後，便可循環至全身。但 HIV 僅會入侵少數的幾類細胞，譬如說巨噬細胞或 T 淋巴細胞（T 細胞）。進入巨噬細胞後，HIV 會先脫掉蛋白質外殼，釋出 RNA 以及反轉錄酶（reverse transcriptase）。借助巨噬細胞的原料，反轉錄酶以 RNA 為模版製造出一段 DNA。這段雙螺旋的病毒 DNA 可插入宿主細胞核內的 DNA。病毒 DNA 就指揮病毒宿主細胞製造許多新的 HIV。HIV 可藉由出芽的方式離開巨噬細胞，如此並沒殺死巨噬細胞。所以感染到 HIV 後的潛伏期可能相當長，譬如說數年。在反轉錄時的複製很容易出錯，也就是 HIV 基因可能產生變異。如若 HIV 在巨噬細胞複製時的突變使其獲得入侵 T 細胞的能力，那情

況就不一樣了。入侵 T 細胞的 HIV 還是用同樣的機制複製 HIV 的 RNA 與病毒蛋白質。組合成新的 HIV 後，病毒會溶破 T 細胞，造成 T 細胞死亡。T 細胞屬於後天免疫系統，當大量 T 細胞死亡後就會引起後天免疫不全症候群（acquired immunodeficiency syndrome, AIDS）。由 RNA 病毒的活動機制看來，似乎再加持一些具特化功能的蛋白質後就有機會讓它們在外界自行複製與代謝。也就是說它們是有機會演化成生命體的。

約 40 億年前，深海熱泉附近出現了單細胞生命，推估是所有地球生命的祖先。當然，現今科學家仍未發現直接的化石證據。1977 年，美國伍茲霍爾海洋研究所的阿爾文探測潛艇的科學家在太平洋深度超過 2 公里的海底發現了黑色海底煙柱。這是一類極深的深海熱泉，含雲霧狀黑色物質，通常富含硫化物。之後沒多久，又發現到附近有許多前所未知的物種，小到細菌，大到數公尺的與細菌共生的管蟲。在深海熱泉附近，有些細菌靠硫化物維生，有些細菌遇到氧氣會中毒，有些細菌靠黑色海底煙柱發出的微光來進行光合作用。換言之，在漆黑的深海中，科學家找到了遠古生物的活化石。

或許說最為古老的生物化石為藍綠菌所形成的疊層石（stromatolite）。在澳洲西部所發現的藍綠菌疊層石約有 35 億年那樣古老。許多疊層石結構其實就是微生物的聚居所。某些結構中，最上層為藍綠菌，利用陽光與二氧化碳行光合作用以維生，釋出氧氣，附帶著形成一些礦物質沉澱顆粒。下一層為能與氧氣和平共處的細菌。這類細菌在無氧狀態下依然活得很好，可利用藍綠菌排放的廢棄物來發酵以產生能量。再下一層則為百分百的厭氧菌。這些厭氧菌也是靠上層細菌的廢棄物為生，也利用了最上層所

產生的礦物質沉積顆粒。所以在堆積時，這些礦物質便會留在死亡的菌體內。在古老的疊層石上所發現的微生物化石的形態幾乎與現今的藍綠菌一樣。而比較晚期的則有發現到類似真核藻類的型態。而從 25 到 5 億年前間，疊層石可說是遍布各地。而從 5 億年前開始，疊層石結構就逐漸凋零了。理由很簡單，沒有掠奪者時，細菌就會四處滋生，而更為複雜的競爭者演化出來後，就有辦法吃掉細菌，那就改朝換代了。

生物化石確實有助於證實演化過程。而近年來使用分子生物科技來比較現今的物種的基因順序，這可進一步釐清物種的親緣關係。也就是科學家已然走向探究分子尺度的演化歷程。核糖體是細胞製造蛋白質的地方，其構造極為複雜，為許多種蛋白質與數種核糖體 RNA 所組裝而成。以特定的方式將核糖體拆解開來，然後用離心法可將各成分分開來。習慣上，根據沉降係數的大小可將核糖體或核糖體成分加以分類。其中一種成分：核糖體 RNA（16S/18S）是所有的生命體都擁有的分子。原核生物核糖體所含者為 16S 系列，而真核生物含有 18S 系列。這樣的核糖體 RNA 約含 1500 個鹼基，欲將其定序顯然是相當容易的。最為驚爆的是人類的 18S 核糖體 RNA 與細菌的 16S 核糖體 RNA 的鹼基順序有許多相似之處，或者說兩種序列幾近相同。也就是說現今的所有生命物種都是來自於同一個起源。

如若比較核糖體 RNA 的鹼基順序，並建立物種的親緣關係，這對生命的演化將是十足有力的間接證據。在基因的複製過程中，每過一段時間便會出差錯。核糖體 RNA 的鹼基順序亦如是。不同物種的系列順序相似性越高，表示其親緣關係越近，也表示生物發展分支的年代越晚。生物學家依此發展出了系統發生

（phylogenetic）分類法，並建立物種親緣關圖，稱爲系統發生樹或種系發生樹（phylogenetic tree），也稱爲演化樹（evolutionary tree）。圖1爲典型的生物系統發生樹。

依據系統發生分類法，生物學家把現今的物種分爲三個域（domains）：古菌域（archaea）、細菌域（bacteria）以及眞核域（eukaryote）。較早發現的超嗜熱菌被視爲古菌，那是因爲這些物種在一般人類環境並沒有存在，是最接近古老的物種。可是圖1的親緣關係顯示人類或眞核生物與古菌的關係較之與細菌更爲親近。也就是說眞核生物是從古菌分支出來的。這也驗證一個經驗：科學上的假說與原理通常是用來被推翻的。

表1　前寒武紀地質年代與重要生命事件表

宙	代	紀	時間	重要生命事件
冥古宙			約46～38億年前	生命現象開始時期
			約46億年前	地球形成
			約44億年前	地殼形成
			約40億年前	RNA世界出現
太古宙			約38～25億年前	初始生物的時期
	始太古代		約38億年前	單細胞生命（細菌與古菌）出現
	古太古代		約36億年前	產氧細菌出現
	中太古代		約32億年前	藍藻群落出現
	新太古代			大陸核心趨於穩定

宙	代	紀	時間	重要生命事件
元古宙			約25～5.42億年前	久遠的原始生物的時期
	古元古代	成鐵紀	約25億年前	大氧化事件
		層侵紀	約23億年前	休倫冰河期
		造山紀		地球大氣出現氧氣。
		固結紀	約18億年前	單細胞真核生物出現
	中元古代	蓋層紀	約16億年前	地台擴張。
			約15億年前	多細胞生物（真核藻類）出現
		延展紀	約13億年前	綠藻菌落出現於海中
		狹帶紀	約12億年前	出現有性生殖，羅迪尼亞大陸形成
	新元古代	拉伸紀	約10億年前	多細胞真核生物現身
		成冰紀	約8.5億年前	羅迪尼亞大陸分裂
		埃迪卡拉紀	約10～5.42億年前	埃迪卡拉生物群出現，約9億年前多細胞動物出現，約7億年前多細胞植物登陸
			約6億年前	6億年前潘諾西亞大陸形成，5.4億年前分裂。刺絲胞動物與多孔動物出現
			約5.42億年前	埃迪卡拉紀末期滅絕事件
顯生宙			約5.42億年前至今	現代生物存在的時期

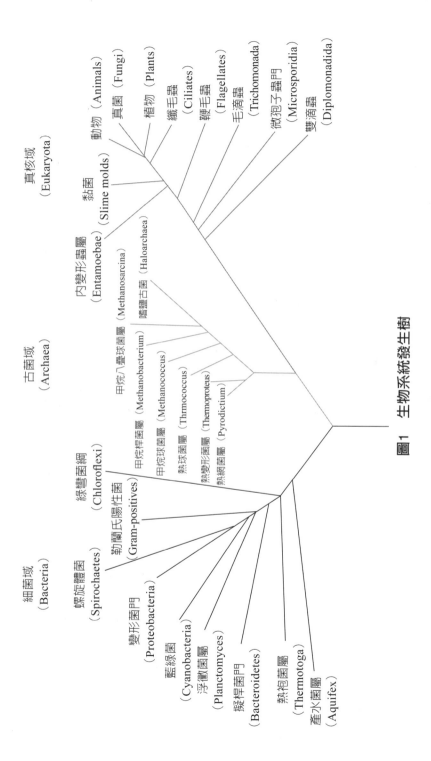

圖1　生物系統發生樹

4. 原核生物的特徵

　　生物學家認為生物就是由一個或多個細胞所構成的。最簡單的生物為沒有細胞核的原核生物（prokaryotes），有別於具有細胞核的真核生物（eukaryotes）。原核生物包括細菌與古菌。其作為遺傳複製用的 DNA 是單一環狀結構。多數原核細胞很小，約略尺度為數微米。不同原核生物的形狀不一，有桿狀的桿菌（bacilli）、球狀的球菌（cocci）、螺旋狀的螺旋菌（spirilla），也有聚集成鏈狀者如鏈球菌，也有些具有鞭毛。

　　多數原核細胞具有細胞壁、細胞膜、細胞質、核糖體以及一環 DNA。有些還具有鞭毛（flagellum），或線毛（pili）。有些細菌還具有一層莢膜（capsule）包裹著細胞壁。

　　由於原核細胞的細胞膜內並無支撐結構，所以發展出細胞壁包圍細胞膜以固定形狀以及保護細胞體。原核細胞的細胞壁主要是由胜肽聚糖（peptidoglycan）所構成，與植物的細胞壁是有所不同的。有些細菌具有由蛋白質纖維構成的線狀鞭毛，可以協助運動。譬如說在水中游泳，細菌旋轉其鞭毛，類似螺旋，其速度每秒可達 20 個細菌長度。有些細菌還具有短短的線毛，可協助細菌附著在物體上，有時可協助細胞間遺傳物質的傳送。

　　或許說細胞膜形成時就是生命演化的最主要關鍵點。細胞膜主要是由磷脂質（phospholipids）所構成，以極性親水基向外接觸水而形成脂雙層（bilayer）。細胞膜脂雙層內部為親油性，可阻擋水溶性分子。其內有些脂溶性膽固醇可調整流體特性而維持細

胞膜的完整性。細胞膜的另一重要成分爲各種膜蛋白（membrane proteins），各有其功能如運輸、受體（receptors）、表面標記（surface markers）等。

細胞膜除了維護生命系統外，還在輸送物質上扮演各式各樣的功能角色。有些分子可直接擴散過細胞膜，氧氣、二氧化碳或一些脂肪分子就是典型例子。擴散的方向是由高濃度的一邊往低濃度的另一邊淨移動。有些膜蛋白構成蛋白質通道，可讓離子、水等進出細胞膜。另外，有些分子可與膜上的載體蛋白結合，然後通過細胞膜。典型例子爲葡萄糖，可利用促進性載體蛋白通過細胞膜。依濃度差的輸送爲被動運輸。還有一些主動運輸程序可讓物質通過細胞膜。有些原核細胞可利用細胞膜向外伸展而將食物顆粒包圍起來以進入細胞內。當吞入的是一個生物或較大有機物質碎片，就稱爲胞吞作用。當吞入的物質爲液體，則稱爲胞飲作用。相反的過程是爲胞吐作用。還有一類是專一性的受體媒介的胞吞作用。特有的分子形狀與受體匹配結合，就誘發了胞吞作用。這類運輸模式可說是批式的主動運輸。細胞膜上還有一些主動運輸的載體蛋白。主動運輸蛋白可將物質從低濃度的一邊往高濃度的另一邊運送。鈉鉀幫浦（sodium-potassium pump）就是一種常見的主動運輸蛋白，在花費能量的代價下主動的將鈉離子運出細胞外，同時將鉀離子運入細胞內。

原核細胞的細胞質含有各式各樣的生命所需的分子與物質。水，礦物質與有機物在演化過程中都參與了，所以細胞質就含有這些成分。在演化過程中選擇變化最多者莫過於有機巨分子，包括蛋白質、核酸、醣類以及脂質，還有其構成的基本分子如胺基酸、核苷酸、單醣以及脂肪酸等都是細胞質的重要成分。

　　細胞需要能量來運作大部分的程序，ATP 很早就成爲地球生物主要的能量儲存物質。或許說 ATP 就像地球生命的能量貨幣。ATP 分子由三個部分構成：腺嘌呤（adenine）的鹼基、核糖基以及三磷酸基。一般稱爲腺嘌呤核苷三磷酸（adenosine triphosphate），或簡稱腺核苷三磷酸。ATP 最末端磷酸基斷開時，會釋放出來可觀的能量，並轉變爲 ADP（腺嘌呤核苷二磷酸）。輸入能量，ADT 與磷酸結合成 ATP。如此 ATP-ADP 循環已成爲現今所有生物唯一能源運用模式。至於爲什麼？那就是演化的選擇。而細胞質一定會含有 ATP 以及相關的物質。

　　原核生物演化出許多種方式來獲取生長與繁殖所需的碳與能量。如果碳是來自於無機的二氧化碳，那就是自營生物（autotrophs）。自營生物中，從陽光取得能量者稱爲光合自營生物（photoautotrophs），而從無機化合物獲得能量者稱爲化合自營生物（chemoautotrophs）。如果取得碳的來源是來自於其他生物者，如有機分子，那就是異營生物（heterotrophs）。異營生物中，從陽光取得能量者爲光合異營生物（photoheterotrophs），而從化合物得能量者稱爲化合異營生物（chemoheterotrophs）。原核生物的代謝是相當多樣化的，所以不同物種的細胞質可能含有與其代謝相關的成分。譬如說藍綠菌爲典型的光合自營生物，就含有葉綠素。

　　現今所有的生物都具有核糖體，是細胞製造蛋白質的地方。核糖體的構造極爲複雜，爲許多種蛋白質與數種核糖體 RNA 所組裝而成。核糖體 RNA 本身就具有觸媒的功能，所以科學家也依此推估在生命演化過程中，DNA 世界之前應有 RNA 世界。

　　原核生物已然使用 DNA 作爲遺傳物質。原核細胞的類核

區通常有一環 DNA。在繁殖時，先複製 DNA，形成兩個環狀 DNA。細胞隨著逐漸長大。兩個環狀 DNA 分別移到兩個區域，然後分裂成兩個細胞。此種方式為二分裂生殖（binary fission）。如若沒有其他的因素，原核細胞是可以永垂不朽的。當然，環境一直在改變，有些原核生物也演化出交換基因的方法：接合作用（conjugation）。這是利用很小的環狀 DNA，稱為質體（plasmid）。某個捐贈者細胞製成一個質體，之後利用線毛接觸到接受者細胞，在兩個細胞間形成接合橋。捐贈者細胞複製質體 DNA，將單股拷貝經由接合橋送到接受者細胞內，再合成互補股。如此，接受者細胞便擁有捐贈者細胞的基因了。

5. 細菌的種類

　　以前，生物學家曾經將生物依界（kingdom）、門（動物用 phylum；植物用 division）、綱（class）、目（order）、科（family）、屬（genus）與種（species）七個層次來加以分類。如今，在其上又多了一層分類：域（domain）。未來情形可能會繼續有變化，因為演化是充滿變數的事件。在討論此事件時，我們盡量使用大家熟悉的名稱。

　　從圖 1 可看出，產水菌屬（Aquifex）是生物演化樹中最接近於古菌與真核生物的一支細菌。換言之，產水菌算是比較接近最原始細菌祖先的細菌。產水菌類包括了一些在嚴酷環境條件下（熱泉、硫磺池、海底熱泉口）生存的細菌，與一些古菌的生存條件類似。此現象間接證明了最原始的生命可能源於深海熱泉。

　　熱袍菌屬（Thermotoga）屬於熱袍菌門（Thermotogae），是一類嗜熱或者超嗜熱細菌。熱袍菌細胞外面有一層袍子般的膜包覆。不同的種類可適應不同的鹽濃度和氧含量。

　　綠彎菌綱（chloroflexi）也有人認為是一門：綠彎菌門（chloroflexi）。其中，綠彎菌又稱為綠非硫細菌（green nonsulfur bateria）。綠彎菌具有綠色的色素（菌綠素），可透過光合作用產生能量。典型的綠彎菌是線形的，可透過滑行來移動。綠彎菌是厭氧生物，在光合作用中不產生氧氣。所以綠彎菌與其他的光合細菌具有不同的起源，系統發生樹（圖 1）也顯示如此。

　　擬桿菌門（bacteroidetes）主要包括三類細菌：擬桿菌綱、黃

桿菌綱以及鞘脂桿菌綱。有些擬桿菌綱的細菌往往生活在人或者動物的腸道中，有時可能形成病原菌。黃桿菌綱的細菌主要存在於水生環境中，或在食物中生活。多數黃桿菌綱細菌對人無害，但腦膜膿毒性金黃桿菌（chryseobacterium meningosepticum）可引起新生兒腦膜炎。鞘脂桿菌綱的重要類群為噬胞菌屬（cytophaga），在海洋細菌中占有較大比例，其特色為可以分解纖維素。

浮黴菌門（planctomycetes）是水生細菌，在海水、半鹹水、淡水中都可能有其蹤影。浮黴菌的生活史分為固著細胞以及有鞭毛的游動細胞。而較特別的是浮黴菌細胞具有相當複雜的胞內膜結構，有些種類如出芽菌屬（gemmata）的染色質被膜包圍且緊縮，類似真核生物的細胞核。此事件再度顯示演化的多樣性，或許意想不到就是演化定律。

在浮黴菌門中還有一些特別的細菌（如 Candidatus brocadia、Candidatus kuenenia、Candidatus scalindua 等），它們可在缺氧環境下將銨離子（NH_4^+）氧化而形成氮氣以獲得能量。這類厭氧氨氧化菌（Anammox）對全球氮循環具有重要意義，也是汙水處理中相當重要的細菌。

革蘭氏陽性菌（Gram positive bacteria）通常指的是能夠用革蘭氏染色法染成深藍或紫色的細菌。而無法染色者稱為革蘭氏陰性菌。革蘭氏陰性菌往往擁有的第二層膜和脂多糖層。革蘭氏陽性菌的細胞壁中含有較大量的胜肽聚糖，但缺乏第二層膜。如果細胞的第二層膜是後續演化出來的，革蘭氏陽性菌的祖先很可能要較革蘭氏陰性菌更早出現。

革蘭氏陽性菌主要包括厚壁菌門（Firmicutes）與放線菌門（Actinobacteria）。一些眾所熟悉的細菌如芽孢桿菌（Bacillus）、

李斯特菌（Listeria）、葡萄球菌（Staphylococcus）、鏈球菌（Streptococcus）、腸球菌（Enterococcus）、梭菌（Clostridium）便是屬於厚壁菌門。厚壁菌多為球狀或桿狀，有細胞壁的結構，缺乏第二層細胞膜。然而厚壁菌門中的柔膜菌綱（Mollicutes）如支原體（Mycoplasma）並沒有細胞壁，也無法被革蘭氏法染色。這是分類歷程常遇到的事件，生物演化的多樣性總會有意想不到驚喜。像是異常球菌 - 棲熱菌（Deinococcus-Thermus）類細菌具有厚細胞壁，因此染色為革蘭氏陽性。然而這類細菌具有第二層細胞膜，其結構上和革蘭氏陰性菌更接近。所以其分類名稱可說尚未確定。

大多放線菌為腐生菌，普遍分布於土壤中。作為腐生菌，放線菌主要能促使土壤中的動物與植物遺骸腐爛。有些放線菌有一種土霉味，使水與食物變味，有的放線菌也能和黴菌一樣使棉毛製品或紙張霉變。然而，放線菌沒有細胞核，並非真菌（fungus）。大多放線菌為好氣性的，有少數是與某些植物共生的，也有些是寄生菌，可致病。若是寄生菌，通常是厭氣菌。常見的致病放線菌有結核分枝桿菌與麻瘋分枝桿菌，可導致結核病以及痲瘋病。對人類而言，放線菌的最重要的功用是用來製造抗生素。目前已經發現的兩千多種抗生素中，約有 56% 是由放線菌如鏈黴菌所產生的。譬如說鏈黴素、土黴素、四環素、慶大黴素等就是由放線菌所產生的。

藍綠菌（cyanobacteria）可算是從化石上發現到的最早的光合作用後放出氧氣的生物。釋放氧氣的藍綠菌對早期生命演化有顯著的影響。主要就是藍綠菌讓地球表面從無氧的大氣環境變為有氧環境，如此刺激了生物更多樣性，並導致許多原始的厭氧生物幾乎接近滅絕。而依據內共生說法，陸生植物與真核藻類的葉綠體就是藍

綠菌祖先通過內共生演化而來的。

藍綠菌門（Cyanobacteria），或稱藍綠藻植物菌門，是種類相當多的細菌。其下物種又稱藍細菌、藍綠菌、藍藻或藍綠藻或藍菌。傳統上藍綠菌門歸於藻類，以往稱為藍綠藻門（Cyanophyte）。但實際上藍綠菌與真核生物的藻類非常不同。藻類是具有細胞核的真核生物，而藍綠菌沒有細胞核，也就是沒有核膜，也沒有大的胞器，其遺傳物質 DNA 也沒形成染色體。這些都是細菌的特徵，因此，藍綠菌現今已被歸入細菌域。

現今的藍綠菌門已知約有二千多種物種，是相當多樣的，根據形態可分為色球藻目（Chroococcales）、寬球藻目（Pleurocapsales）、顫藻目（Oscillatoriales）、念珠藻目（Nostocales）以及真枝藻目（Stigonematales）。必須澄清的是有些藍綠菌是會分泌毒素的。不同種類的藍綠菌可能含有不同類型的毒素，其中包括神經毒素（Neurotoxin）、肝毒素（Hepatotoxicity）、細胞毒素（Cytotoxicity）以及內毒素等。換言之，有些被當作保健食品的藍藻及螺旋藻應小心對待之。另外，藍綠菌與藻類滋生會造成有腥臭味的藻華（水華）現象，可能使飲用水源受到汙染，也可能使池水中魚類缺氧死亡。

變形菌門（Proteobacteria）因其具有極為多樣的形狀而名。變形菌算是細菌中種類最多的一種，包括很多病原菌，如大腸桿菌、沙門氏菌、志賀氏菌、綠膿桿菌、霍亂弧菌、鼠疫桿菌、腦膜炎雙球菌、淋球菌、空腸彎曲菌、幽門螺桿菌等。變形菌為革蘭氏陰性菌，其外膜主要由脂多糖組成。變形菌除了形狀多樣化以外，特徵也相當多樣化。有些種類利用鞭毛運動，但有一些種類是非運動性的，或者依靠滑行來運動。有一類獨特的黏細菌，可以聚

集形成多細胞的子實體。有些自營，有些異營，而大多數兼營。有的好氧，也有的厭氧。變形菌門根據核醣體 RNA 序列而被分為五類，用希臘字母 α、β、γ、δ 和 ε 命名。

α- 變形菌中許多的種類與真核生物密切相關。譬如說根瘤菌（Rhizobium）與豆類植物根部共生形成根瘤，是能固氮的細菌。另外，真核生物的粒線體的祖先可能就是一種好氧性 α- 變形菌，經由內共生演化而形成。β- 變形菌包括很多好氧或兼性細菌，也有一些使用無機化學能種類如亞硝化單胞菌屬（Nitrosomonas）與光合種類如紅環菌屬（Rhodocyclus）。亞硝化單胞菌將銨（NH_4^+）氧化為亞硝酸鹽，在氮循環或氮的回收扮演重要角色。γ- 變形菌綱是目前所知的細菌中種類最多的一綱，包括腸桿菌科（Enterobacteraceae）、弧菌科（Vibrionaceae）以及假單胞菌科（Pseudomonadaceae）等。一些重要的病原菌如引起腸炎及傷寒的沙門氏菌屬（Salmonella）、造成鼠疫的耶爾辛氏菌屬（Yersinia）、引起霍亂的弧菌屬（Vibrio）、引發肺炎的綠膿桿菌（Pseudomonas aeruginosa）都是屬於 γ- 變形菌。食品工業中最常用來評估細菌汙染的大腸桿菌也是 γ- 變形菌。δ- 變形菌包括可形成子實體的好氧的黏細菌與嚴格厭氧的一些物種。譬如說一些脫硫菌類與硫還原菌就是厭氧的 δ- 變形菌。ε- 變形菌多數是彎曲或螺旋形的細菌。其中，沃林氏菌屬（Wolinella）、螺桿菌屬（Helicobacter）以及彎曲菌屬（Campylobacter）就是生活在動物或人的消化道中的共生菌或致病菌。

變形菌門中，還有一類利用光合作用儲存能量的厭氧變形菌：紫細菌。紫細菌擁有菌綠素 a 與 b、類胡蘿蔔素等色素，可顯現紫、紅、棕、黃等顏色。紫細菌不產生氧氣，因其光合作用使用的

還原劑並非水。紫硫細菌的還原劑使用硫化物或者單質硫。另外一些紫非硫細菌，通常採用氫氣作還原劑。核醣體 RNA 序列分析顯示紫細菌並不是同源的，而是分散在很多相互有一定距離的類群中。紫硫細菌屬於 γ- 變形菌，而紫非硫細菌分散在 α- 或者 β- 變形菌綱。也有一些和紫細菌相關的變形菌能具有菌綠素 a，但不完全依賴光能而只將其作為輔助能量來源，且生活在有氧環境中。這類稱為好氧不產氧光營細菌（aerobic anoxygenic phototrophic bacteria），典型例子為赤桿菌屬（Erythrobacter）。這些例子顯示演化方向的多樣性以及可能的交互影響，那就是絕對的多變數函數關係。

螺旋體菌（Spirochaetes）為具有長的螺旋形盤繞的細胞。螺旋體菌獨特的長鞭毛稱為軸絲（axial filament）。螺旋體菌可以通過軸絲產生的扭轉運動而前後移動。

披衣菌門（Chlamydiae）僅能在其他生物如動物的細胞內存活，是專性的寄生細菌。披衣菌門的細菌比一般細菌小，有的甚至比病毒小。披衣菌門細菌的構造上介於細菌和病毒之間的微生物，以往披衣菌被認為是一種病毒，現在已被確認是細菌。披衣菌門具有類似於革蘭氏陰性菌的外膜和內膜而被歸類為革蘭氏陰性菌。砂眼衣原體（Chlamydia trachomatis）也就是披衣菌，是一種絕對寄生病原體。披衣菌可能造成人類的性傳染病。

6. 古菌的種類

古菌，顧名思義，原本被以爲是古老的細菌。從核糖體 RNA 基因序列的分析結果顯示古菌與細菌是兩支不同的生物，如圖 1 所示。最近的三域分類中，古菌域與眞核生物的親緣要較細菌域更爲接近。

傳統上，古菌被分類爲三大類群：嗜極端菌（extremophiles）、產甲烷菌（methanogens）以及非極端古菌（nonextreme archaea）。

嗜極端菌爲能生活在一些極端環境中的古菌。有些嗜熱菌（thermophiles）就是古菌（也有些是細菌），生活在很熱的地方，溫度可從 48 到 120℃。最常見的棲地爲有地熱的地方如黃石公園的熱泉，或者深海中的深海熱泉噴口。有些嗜熱菌的能源來自於硫的代謝。譬如說棲息在黃石公園硫熱噴泉中的硫化菌（sulfolubus）藉由將硫氧化成硫酸而獲取能量。有些嗜鹽菌（halophiles）生活在非常鹹的地方，如死海或美國猶他州的大鹽湖，在鹽度15～20%下它們生長得更茂盛。耐酸、鹼的古菌可生活在強酸或強鹼的環境中。還有一些耐高壓的古菌可在 300～800 大氣壓下存活。

甲烷菌可利用氫氣將二氧化碳還原成甲烷氣體而獲取能量。甲烷菌是厭氧生物，會受到氧氣的毒害。甲烷菌可生活在沼澤中，所產生的甲烷氣泡就稱爲沼氣。甲烷菌也可生活在牛與其他草食性動物的腸道中，因纖維素被分解所形成的二氧化碳就會被甲烷菌還原成甲烷。

非極端古菌的生活環境與細菌類似。而經由古菌中獨特的

DNA 辨識系列比對，許多從土壤或海水中取得的原核生物樣本其實就是古菌。換言之，古菌並非以前所認為的僅僅侷限於極端的環境中。

古菌已有四個門，其他有些正在研議中。泉古菌門（Crenarchaeota）包括許多超嗜熱生物以及一些海洋中的超微浮游生物，算是比較接近原始時代環境的古菌。廣古菌門（Euryarchaeota）包含大多數種類的古菌。動物腸道中的產甲烷菌、高鹽濃度下生活的鹽桿菌、一些超嗜熱的好氧與厭氧菌以及一些海洋微生物。初古菌門（Korarchaeota）是與上述兩門不同支系的古菌，來源於美國黃石公園超熱環境中的樣品。納古菌門（Nanoarchaeota）為極微小的古菌，這是目前已發現的細胞生物中基因組最小的生物。從現今的古菌物種約略可追溯演化的軌跡。

從圖 1 約略可看出那些古菌物種比較接近其祖先。熱網菌屬（Pyrodictium）通常棲息於海底熱泉噴口。熱變形菌屬（Thermoproteus）則棲息於硫磺熱泉和泥漿洞。這兩類嗜熱古菌屬於泉古菌門，比較接近於古菌的基部，也表示相對較為原始。

嗜熱球菌屬（Thermococcus）棲息於海洋硫磺水洞或熱沉積物。此類古菌與上述兩類嗜熱古菌並非同一系群。嗜熱球菌屬已然屬於廣古菌門。

圖 1 所示三類甲烷菌都是屬於廣古菌門，但顯然有不同的生存模式。甲烷球菌屬（Methanococcus）可生活在鹽沼澤、海水及海灣環境中。甲烷桿菌屬（Methanobacterium）可在水田、沉積物中生活。甲烷八疊球菌屬（Methanosarcina）則可生活於多樣化的環境中，在氧氣下仍可存活，譬如說地表、地下水、深海中、動物消化道的環境。由這三類甲烷菌的發展順序可推估演化的方向就是在

適應多樣化的環境。

　　嗜鹽古菌（haloarchaea）在以前原本被當作是細菌的物種，所以其屬名爲鹽桿菌屬（Halobacterium）。嗜鹽古菌遵循無氧的新陳代謝路徑，且需要在高鹽濃度的環境下進行。換言之，嗜鹽古菌的某些蛋白質在低鹽濃度的環境下會失去功能。嗜鹽古菌生活在鹽湖、鹽場及腐敗的鹽製品等高鹽環境中。嗜鹽古菌也是屬於廣古菌門。此表示嗜鹽古菌祖先應是在熱變形菌屬祖先之後演化出來的。這也是相當合理的事件。須知海水的鹽濃度原本是很低的，經過數十億年才達成如今的地步。而高鹽環境純屬特例，理當是嗜熱古菌祖先出現之後形成的極端狀況，所以嗜鹽古菌的演化已是很後面的事件。

7. 眞核生物的出現

　　爲了爭奪資源，大型化是一個演化方向。然而大型化到某種程度，原本藉由分解營養物質以獲得能量的無氧機制就不敷使用。當大型古菌或細菌吞噬了小型的行有氧呼吸細菌，或許發現後者超高的能源利用效率（約 20 倍）而保留起來，形成共生。如此更易於適應環境，而融入後被馴養的有氧呼吸細菌演化成細胞內的發電廠：粒線體。或許有助於增加表面積的內質網也是吞噬馴化來的。顯然分工合作是重要進化方向。當然，利用膜來保護遺傳要角 DNA 也是另一重要進化方向。

　　厭氧的細菌、古菌及行光合作用的藍綠菌是屬於沒有細胞核的原核生物。約 15 至 20 億年前，具有細胞核的單細胞眞核生物出現了。細胞核膜保護了 DNA，進一步演化出染色體，大幅提升了遺傳訊息。或許有些原核細菌進入大很多的眞核細胞並與之共生，並演化爲胞器。葉綠體與粒線體便是典型的胞器。以前的分類習慣，帶有葉綠體的眞核生物稱爲原生植物，而僅帶有粒線體的眞核生物稱爲原生動物。細胞內膜系統更爲發達了，此有利於大型化。細胞膜、核膜與內質網、高基氏體、溶菌體、分泌顆粒等的胞器的膜構成了細胞內膜系統。此外，細胞內部骨架般的細胞骨骼系統也演進出來以利於細胞構造的維持。

8. 原生生物的演化

　　我們所發現的 17 億年以前的生物化石都是很小的單細胞生物，類似於現今的細菌。而在約 15 億年前的化石中，出現了比細菌大、具有內膜構造以及較厚細胞壁的生物。其最顯著的特色就是細胞核，所以被稱爲眞核（eukaryote）生物，有別於原核生物（prokaryote）。

　　那麼，細胞核如何演化形成的？現今的許多細菌將其原生質膜（細胞膜）向內折疊延伸，形成溝通內外的管道。如此更有利於訊息傳遞、物質輸送以及化學反應，也有利於細胞大型化。眞核細胞內的網狀結構內質網（endoplasmic reticulum）以及細胞核膜（nuclear envelope）很有可能就是這種向內折疊延伸的膜所演化而成的。或許，有的原核細胞具有向內折疊的原生質膜，而其 DNA 位於細胞中央。而於眞核細胞始祖，這些向內折疊的膜進一步向內延伸，最後將 DNA 包圍起來形成核膜。以是，細胞核也形成了。

　　內膜系統以及細胞核之外，眞核細胞還有一些獨特的胞器（organelle）。譬如說過氧化體（peroxisomes）含有酵素，可利用氧氣將一些有毒分子氧化而加以解毒；高基氏體（Golgi body）則負責蒐集、包裝與分送細胞所製造出來的分子。最爲特別者可說是含有 DNA 的胞器，譬如說粒線體（mitochondria）與葉綠體（chloroplast）。

　　粒線體可說是細胞的發電機，此種產製能量的胞器的尺寸（長約 1～3 微米）與細菌接近，而且還有自己的基因體（genome）。

粒線體的基因體爲類似於細菌環狀 DNA 分子。粒線體還可以用簡單二分裂來生殖。這些證據顯示所謂的內共生論（endosymbiotic theory）的合理性。當大型古菌吞噬了小型的好氧細菌（行有氧呼吸），或許發現後者超高的能源利用效率（約 20 倍）而保留起來，形成共生。

藻類與植物的葉綠體也是類似細菌的胞器，顯然來自於內共生的光合作用細菌。

眞核細胞利用有絲分裂（mitosis）來進行細胞分裂，其過程遠比原核細胞的二分裂生殖複雜得多。由現今的眞核生物分裂機制可看出一些完全不同或中間型機制的痕跡。所以有絲分裂的演化可能是漸次的，並非一蹴而幾的。

眞核細胞的另一重要特徵爲具備有性生殖（sexual reproduction）的能力。所謂的有性生殖就是兩個不同的親代各自貢獻一個配子（gamete）。配子是由減數分裂（meiosis）產生。多數眞核生物的配子只有一套染色體，也就是單倍體。兩個親代配子結合了就形成了合子（zygote）。合子爲雙倍體，有兩套染色體（具備每一種染色體的兩個拷貝）。有性生殖的演化重點在於提供了強大方式以重新組合基因，以利於生存。

生命的意義在於延續生命，所以生殖（reproduction）就是生命體的重點。原核生物利用二分裂來生殖；眞核細胞利用有絲分裂進行細胞分裂而達生殖的目的；海綿出芽再斷裂出一塊，之後成長爲一個新海綿，這些都是無性生殖。無性生殖中，子代與親代的遺傳特徵完全相等。當然，突變是例外。多數的原生生物在大多數的時間中是進行無性生殖的。譬如說草履蟲單一細胞可複製其 DNA，長大，然後分裂成爲兩個細胞。然而，在壓力之下，兩個

草履蟲單倍體細胞彼此接觸,進行接合生殖,彼此交換細胞核中的染色體。也就是說草履蟲係在壓力之下進行有性生殖。

為何在壓力之下,許多原生生物會形成雙倍體細胞?一般是認為雙倍體細胞比較能夠有效的修補染色體的損傷。當細胞處於乾旱環境時,或許雙股的 DNA 染色體會因此斷裂。在減數分裂初期,成對的染色體會排列在一起,或許就是為了修補染色體的損傷而演化出的機制。染色體成對排列就可讓未受損傷的一段 DNA 作為模板,再去修補另一段受損的 DNA。

演化出性別可說是真核生物演化史中最重要的創新之一。有性生殖提供了重新組合基因的機會,更是加速演化。而多樣化就是其特色。以是,原生生物是真核域中最多樣性的一類。其特徵也相當多樣化。

原生生物具有各種不同型式的細胞表面。有些原生生物如藻類、霉菌等具有很強韌的細胞壁,有些只有細胞膜而無細胞壁,有些具有矽質外殼。原生生物也有多樣的運動機制,有用纖毛的,有用鞭毛的,也有用偽足的。

9. 眞核細胞的特徵

　　眞核細胞大小約 10 微米的尺度，是原核細胞的 10 倍大，可是體積就約有 1000 倍大。眞核細胞已然極爲複雜，結構上也有了細胞骨架（cytoskeleton）的支撐。當然，眞核細胞最顯著之處就是細胞核。細胞核算是細胞的控制中心。

　　細胞核由核套膜（nuclear envelope）所包裹起來，內有含染色體的半固態核質與核仁。核套膜其實是兩層的結構，其中的外膜上綴有核糖體，並與粗糙內質網相連。核套膜上有許多核孔。核孔由多種蛋白（核孔蛋白）所組成，並將核套膜的內膜與外膜抓緊在一起。有些核孔蛋白可控制核孔的運輸。大的分子會被核套膜所擋住，有些大分子如蛋白質、RNA 等可藉核轉運蛋白（karyopherin）的調控而由核孔出入。

　　細胞核內部的黏液稱爲核質，許多成分與細胞質類似。而核內最重要的物質爲染色體（chromosomes）。染色體主要是由 DNA 與蛋白質所構成。蛋白質讓 DNA 纏繞在一起，於細胞分裂時更爲濃縮。細胞分裂結束後，染色體會鬆開來，並伸展成長條形的染色質（chromatin），光學顯微鏡下就看不見了。染色體鬆開成染色質後，便可進入製造蛋白質的程序。也就是在細胞核中利用 DNA 烤貝出信使 RNA，然後經核孔進入細胞質，利用核糖體合成出蛋白質。

　　在細胞核中有塊顏色較深的區域，就是核仁。核仁爲編製核糖體 RNA 以及組裝核糖體次單元的區域。當核糖體進行合成組裝

時，組成核仁的原料會快速聚合在一起，核仁就成形出現了。所組裝完成的核糖體次單元，是進出核孔的分子中最龐大者，也顯示了核糖體的高度複雜性。

分子生物學的證據顯示 DNA，RNA 與蛋白質間的密切合作，組合了生命運作的化學反應。最為令人讚嘆的是現今所有地球生物都是使用同一套遺傳密碼。DNA 與 RNA 都是核酸（nuclear acids），是由核苷酸（nucleotides）單元所組成的。核苷酸單元有三個部分，一磷酸鹽基與一鹼基分別接在一五碳糖上。核酸就是核苷酸的聚合體，五碳糖為去氧核糖，那就是去氧核糖核酸（deoxyribonucleic acid, DNA）；五碳糖為核糖就是核糖核酸（ribonucleic acid, RNA）。接在 DNA 上的鹼基有四種：腺嘌呤（adenine, A）、胸腺嘧啶（thymine, T）、鳥嘌呤（guanine, G）與胞嘧啶（cytosine, C）。DNA 形成了雙股螺旋（double helix）的結構，其中，腺嘌呤（A）與胸腺嘧啶（T）配對，而鳥嘌呤（G）與胞嘧啶（C）配對。為何如此配對？空間分布與鹼基對間的緊密氫鍵結合所造成的。譬如說 A 與 T 可對齊形成氫鍵，而 G 與 C 更可對齊形成緊密氫鍵，其他組合則否。RNA 僅為單股的結構，接在其上鹼基有：腺嘌呤（A）、尿嘧啶（uracil, U）、鳥嘌呤（G）與胞嘧啶（C）。換言之，就是以尿嘧啶（U）取代胸腺嘧啶（T）。在核酸的世界，A 可跟 T 或 U 配對，而 G 與 C 配對，這在複製與轉錄時是非常重要的。生命的遺傳密碼也依此衍生。

作為主要遺傳物質的 DNA，最重要的就是能夠準確的複製。鹼基配對以及多種蛋白質的互相協調配合能讓 DNA 可以準確的複製。這過程稱為 DNA 複製（DNA replication）。首先，利用解旋酶（helicase）將互相纏繞的雙股 DNA 解開來。然後單股結

合蛋白（single strand binding proteins）將 DNA 單股穩定住。如此，DNA 聚合酶便可利用 DNA 單股爲模板而複製出互補股。因爲 DNA 很長，通常是借助各種酵素分段進行，再以 DNA 連接酶（DNA ligase）連接起來。兩股複製的互補股最後組成新的雙股螺旋 DNA。

在基因運作方式，所有地球生物都遵循同樣的中心法則。DNA 的基因傳遞到 RNA 拷貝，然後以此 RNA 拷貝指引胺基酸系列的合成。也就是：DNA → RNA →蛋白質。簡單的說就是由 DNA 基因轉錄成信使 RNA，再轉譯成蛋白質。雖則 RNA 主要在於傳達訊息，實際上有 4 種 RNA 可能參與蛋白質的合成。當然，最主要的就是信使 RNA（messenger RNA, mRNA）。核糖體 RNA（ribosomal RNA, rRNA）是核糖體中實際催化蛋白質合成的地方。這也是生命演化中先有 RNA 世界的一項證據。轉送 RNA（transfer RNA, tRNA）可轉送特定胺基酸到核糖體中參與蛋白質合成。近來發現到有些小分子 RNA 可關閉或靜默特定的基因，這是一種 RNA 干擾作爲，這類就稱爲靜默 RNA（silencing RNA, sRNA）。也就是說 RNA 在蛋白質合成中扮演多重而重要的角色。

在基因轉錄成 mRNA 的過程中，DNA 先被解開來。DNA 雙股中的一股會作爲模板，RNA 聚合酶（RNA polymerase）便結合到基因前端的啓動子（promoter）上，然後依序將個個互補的 RNA 核苷酸接合起來。RNA 聚合持續到轉錄停止信號（停止密碼子）出現。此 mRNA 從 DNA 鏈脫離，其爲 DNA 上基因的互補轉錄本（complemental transcript）。而此過程就是所謂的轉錄（transcription），以有別於 DNA 的複製（replication）。

更爲有趣的是 mRNA 是基因 DNA 模板股的完全一致的互補

複本嗎？這牽涉到基因表現（gene expression）。對於原核生物，基因為一個沒有中斷的連續 DNA 連續片段。所以 mRNA 為與基因完全一致的互補複本。然而，在真核生物中，許多基因不是連續的，而是分成好幾個段落。在這種複雜的基因中，可編碼為多肽上胺基酸的 DNA 序列稱為外顯子（exon）。而這些外顯子可能會被一些額外的非編碼的內含子（intron）穿插進去。人類的基因體僅有約 1 到 1.5% 的外顯子，非編碼的內含子約占有 24%。所以真核細胞剛開始轉錄一個基因時，是先形成含有內含子的初級的 RNA 轉錄本。之後，將內含子切除，再接成核糖體適用的 mRNA。這也是一個演化過程：多樣化的趨勢。有些人類基因的外顯子本身是具有功能的。譬如說有個外顯子可製成一條直線蛋白質，另一可製成曲線蛋白質，再另一可製成扁平狀蛋白質，以不同方式的排列組合可像堆積木般形成各式各樣的蛋白質。後天免疫系統就是這樣以形狀篩選出有效的抗體的。利用這種選擇性剪接（alternative splicing），可將人類的約 25,000 個基因，編碼出 120,000 個的可表現 mRNA。

真核細胞的 mRNA 從核孔運出，就會在核糖體（ribosome）作為模板而轉譯成蛋白質。核糖體由兩個次單元彼此互相嵌套而成。在較小的次單元上有一段暴露於表面的 rRNA 序列可讓 mRNA 黏附於上。覆於其上的較大的次單元形成了三個位址的凹陷區，可讓 tRNA 的反密碼子（anticodon）端與 mRNA 的密碼子（codon）互補結合。所謂的轉送 RNA（tRNA）就是將胺基酸轉送到核糖體者，一端為與密碼子互補的反密碼子，另一端接上該密碼子所相應的胺基酸。現今所有地球生物的遺傳密碼都是通用的，並且以 mRNA 的密碼子為標準（表 2）。每個密碼子都是由三個核

苷酸序列所形成，也就是說三個鹼基所形成序列就成爲一個密碼子。譬如說 AUG 密碼子代表的是甲硫胺酸（methionine），但也代表多胜肽合成的起始點。於是，接有甲硫胺酸的 tRNA（反密碼子爲 UAC）在中間的位址與起始密碼子互補結合。若 mRNA 在核糖體中由右邊穿進，第二個胺基酸所相應的 tRNA 於右邊位址與第二密碼子互補結合。然後第二個胺基酸就以胜肽鍵結於甲硫胺酸上。之後，核糖體向右移動三個核苷酸，右邊位址空出，接納後續 tRNA，左邊位址的 tRNA 離開。如此陸續的以密碼子選擇相應的 tRNA，將胺基酸接成多胜肽，直到遇到停止的密碼子。如此就轉譯了一個蛋白質。換言之，RNA 除了有催化功能之外，其所提供的遺傳密碼可能更先於 DNA，所以科學家認爲 DNA 世界之前應是先形成 RNA 世界。

眞核細胞具有明顯的內膜系統（endomembrane system），以是形成了細胞內部空間區隔。這是眞核細胞與原核細胞最基本的不同之處。具有內膜而有特定功能者就是一種胞器（organelle）。

眞核細胞的細胞核外圍有廣泛的內質網（endoplasmic reticulum）。有部分內質網布滿了核糖體，有如砂紙般，就稱爲粗糙內質網。其他的就是平滑內質網，其表面上具有許多酵素，可協助製造碳水化合物以及脂質。內質網形成許多通道與連結，有助於運輸許多物質。通常，內質網表面所製出的蛋白質與脂質透過內質網通道運輸，然後以膜包裝成囊泡（vesicles），再以出芽的方式送到高基氏體（Golgi body）。高基氏體負責蒐集、包裝細胞所製造出來的分子，然後以囊泡方式分送至各處。

表2　mRNA密碼子表（標準遺傳密碼）

1		U		C		A		G	3
		2							
U	UUU	苯丙胺酸	UCU		UAU	酪胺酸	UGU	半胱胺酸	U
	UUC	Phenylalanine	UCC	絲胺酸	UAC	Leucine	UGC	Cysteine	C
	UUA		UCA	Serine	UAA	終止	UGA	終止（stop）	A
	UUG		UCG		UAG	Stop	UGG	色胺酸 Tryptophan	G
C	CUU	白胺酸	CCU		CAU	組胺酸	CGU		U
	CUC	Leucine	CCC	脯胺酸	CAC	Histidine	CGC	精胺酸	C
	CUA		CCA	Proline	CAA	麩醯胺酸	CGA	Arginine	A
	CUG		CCG		CAG	Glutamine	CGG		G
A	AUU	異白胺酸	ACU		AAU	天門冬醯胺	AGU	絲胺酸	U
	AUC	Isoleucine	ACC	蘇胺酸	AAC	Asparagine	AGC	Serine	C
	AUA		ACA	Threonine	AAA	離胺酸	AGA	精胺酸	A
	AUG 起始	甲硫胺酸 Methionine	ACG		AAG	Lysine	AGG	Arginine	G
G	GUU		GCU		GAU	天門冬醯胺	GGU		U
	GUC	纈胺酸	GCC	丙胺酸	GAC	Asparagine	GGC	甘胺酸	C
	GUA	Valine	GCA	Alanine	GAA	麩胺酸	GGA	Glycine	A
	GUG		GCG		GAG	Glutamic acid	GGG		G

　　溶小體（lysosomes）是一種較小的胞器，是由高基氏體出芽而來的。溶小體是細胞的回收中心，內含許多強力酵素，可將老舊的細胞或胞器分解，並回收成可用的原料。另一種較小的胞器為過氧化體（peroxisomes），為來自於內質網的球形胞器。其內含酵素，可利用氧氣將一些有毒分子氧化而加以解毒。

　　大多數的眞核細胞都具有細菌般大小，而且含有 DNA 的胞器：粒線體（mitochondria）。粒線體應源於內共生，雖說多數的基因已轉移到宿主的染色體中了，但仍然保有一些基因在一環狀 DNA 上。粒線體也可用簡單二分裂來生殖。許多粒線體的形狀像香腸，有內外膜。粒線體的外膜與細胞膜類似，這是支持內共生的證據之一。內膜將粒線體分割成兩個區域，一爲內部的基質，另一爲外膜與內膜之間的空隙，稱爲膜間腔。粒線體內膜向內凹陷折曲，折褶形成所謂的嵴（crista）。粒線體具有許多參與氧化性代謝的酵素，可說是細胞的發電機。

　　細胞的發電機的意思是更爲有效的轉換運用能量。也就是說粒線體是眞核細胞所演化出從有機物抽取能量的極爲有效胞器。極爲有效的原因是使用氧氣來氧化有機物而獲取更多的 ATP。多數眞核細胞都遵循這種以氧氣來氧化有機分子的路徑，這也稱爲細胞呼吸（cellular respiration）。一般而言，眞核細胞的細胞呼吸分爲兩個階段。第一階段爲糖解作用（glycolysis），葡萄糖藉由一系列酵素（10 種）分解成兩個丙酮酸（pyruvate，陰離子態）。此過程動用了 2 個 ATP，最終產生 4 個 ATP，所以實際上由一個葡萄糖的糖解作用可淨得 2 個 ATP。這是一個不需要氧氣的厭氧（anaerobic）程序，或許是在 20 億年之前就演化出來了。眞核細胞也延用了這古老的獲取能量的方式。第二階段爲有氧（aerobic）程序，就是在粒線體中進行。首先，丙酮酸會被主動運輸穿過粒線體膜。進入粒線體基質後，丙酮酸會被氧化，並移除一個碳。此碳形成二氧化碳而離開。這個氧化反應所用的酵素爲丙酮酸脫氫酶（pyruvate dehydrogenase），爲已知的最大酵素之一，具有 60 個次單元。在此酵素催化下，丙酮酸脫除二氧化碳，並與輔酶 A 結合成乙醯輔

酶 A（acetyl-CoA）。乙醯輔酶 A 是很重要的代謝中間體，在細胞呼吸過程中就進入克氏循環（Krebs cycle）以產生 ATP。克氏循環又稱爲檸檬酸循環，就在粒線體內進行，是一個具有 9 個反應的複雜程序。每個乙醯輔酶 A 進入克氏循環就會形成兩個二氧化碳排出。整體來說，細胞呼吸可看成是一個葡萄糖與 6 個氧氣反應，形成 6 個二氧化碳與 6 個水，並形成生命體可用的能量 ATP。每個葡萄糖在糖解作用階段產出了 2 個 ATP，而在粒線體的有氧程序可產出了約 34 個 ATP。粒線體高效率的能量汲取方式已然成爲眞核細胞演化上不可或缺的選擇。

乙醯輔酶 A 進入克氏循環就是要汲取能量。如若細胞已有足夠的 ATP 供應，乙醯輔酶 A 會被用來合成脂肪，等若儲存能量。而細胞能量缺乏時，糖類也不足的話，脂質與蛋白質也可用來產生乙醯輔酶 A，進而產生 ATP。

有些眞核生物具有葉綠體（chloroplast）的胞器。葉綠體也應爲來自於共生的細菌所演化成的。葉綠體有 DNA，也有雙層膜，其構造比粒線體更爲複雜。其內有另一系列的膜構造，堆積排列成一疊包封的扁平囊泡，稱爲類囊體（thylakoids）。類囊體如盤子般疊成一疊者稱爲葉綠餅。葉綠體也可用二分裂來複製。然而，葉綠體與粒線體都無法在不含細胞的培養液中生長，完全必須仰賴宿主細胞才得以生存。這也是有些共生演化後的宿命。

葉綠體主施光合作用（photosynthesis），將二氧化碳與水藉由光能製造出葡萄糖。光合作用的光反應通常在膜上進行。原核生物的光反應蛋白質位於細胞膜上，而眞核生物的光反應蛋白質位於類囊體膜上。埋於類囊體膜的葉綠素分子、附屬色素分子以及光反應蛋白質構成了光系統（photosystem）。光反應分爲五個階段。第

一為色素分子捕捉住光子。第二為激發電子。吸收光子後分子進入激發態，可藉由分子傳遞激發的能量，匯集到反應中心以釋出激發的電子，並傳送到電子接受分子。同時，反應中心打斷水分子，取得一個電子以補回失去者。如此形成了氫離子與演化史上關鍵性的氧氣。氧氣其實是光合作用的副產品。第三為電子傳遞。激發的電子在一系列電子載體分子所構成的電子傳遞系統（electron transport system）上穿梭傳遞。第四為製造 ATP。上階段所形成的高濃度氫離子就可利用 ATP 合成酶（ATP synthase）製造出 ATP。第五階段為製造 NADPH。第三階段的激發電子傳遞到另一光系統，再吸收光子重新充電。重新充電的電子具有更高的能量，經電子傳遞系統傳至 $NADP^+$（菸鹼醯胺腺嘌呤二核苷酸磷酸鹽；nicotinamide adenine dinucleotide phosphate）分子與氫離子，形成了 NADPH。NADPH 可用於卡爾文循環（Kalvin cycle）中製造碳水化合物。

　　第二光系統（photosystem II）吸收光子後，反應中心釋出激發的電子至電子傳遞系統。同時，水分解酶將水分子分解成氧氣，氫離子，並將電子送至反應中心。氫離子在類囊體膜內外造成了濃度差，ATP 合成酶便依此製造出 ATP。第一光系統（photosystem I）接收第二光系統電子傳遞系統的電子，吸收光子後將電子激發。激發的電子進入電子傳遞系統，由 $NADP^+$，氫離子與兩個電子合成出 NADPH。卡爾文循環是在葉綠體的基質中（類囊體外）進行，使用許多的酶素將二氧化碳製成碳水化合物。在卡爾文循環中，由第二光系統所產生的 ATP 作為驅動能源，由第一光系統所產生 NADPH 作為還原能，三個二氧化碳可製成一個甘油醛 -3- 磷酸（glyceraldehyde 3-phosphate）。此三碳中間體可在細胞內利用酶素合成出葡萄糖或其他生化分子。大家所熟知者就是

6 個二氧化碳與 6 個水在光能的作用下形成 1 個葡萄糖，並釋出 6 個氧氣（副產物），也就是所謂的光合作用。

爲了支撐相對龐大的細胞體積，眞核細胞演化出了細胞骨架（cytoskeleton）的內部構造。除了支撐與維持形狀外，細胞骨架還有參與運動，輸送物質，甚至在細胞分裂扮演特定的角色。細胞骨架主要是由蛋白質所構成的不同纖維所構成。

微管（microtubules）是細胞骨架的架構主幹。微管是由微管蛋白所組成，通常由 13 根微管蛋白原纖維（protofilaments）所構成的中空管。此外，中間絲（intermediatefilaments）與微絲（microfilaments）也可作爲細胞骨架的部分結構。

微絲主要由肌動蛋白纖維（actin filaments）所構成，直徑約 7 奈米。每根微絲纖維是由兩股蛋白質錬鬆散的纏繞而成，好像兩條纏著的珍珠項錬，每顆珠子或單體就是肌動蛋白。肌動蛋白也可負責細胞的運動，如收縮、爬行、延伸等。中間絲的直徑約 10 奈米，尺寸介於微管與微絲之間。中間絲形成後便很穩定，可強化細胞與胞器的結構。微管的直徑約 25 奈米，中空，是細胞骨架上堅韌的主結構。空心的微管可不斷的合成與分解，促使細胞運動。微管也可協助運送物質。特殊的動力蛋白可使囊泡等胞器在微管的軌道上運行。

中心粒是由微管蛋白所組裝成的微管複雜結構，由 9 組三聯管組成，通常靠近細胞核。中心粒常成對出現，兩者呈空間垂直狀態。中心粒可協助細胞組裝其他微管。另一功能是在有絲分裂或減數分裂過程中參染色體的移動。所有已知眞核生物的最近共同祖先都是有中心粒。

生命的意義在於創造宇宙繼起的生命。其意爲生殖

（reproduction）的演化是真核生物演化史上的重要里程碑。真核細胞演化出兩種細胞分裂的機制：有絲分裂（mitosis）與減數分裂（meiosis）。

有絲分裂的過程遠比原核細胞的二分裂生殖複雜得多。由現今的真核生物分裂機制可看出一些完全不同或中間型機制的痕跡。所以有絲分裂的演化可能是漸次的，並非一蹴而幾的。有絲分裂過程高度複雜，但具規律性。一般將有絲分裂期分別為前期、中期、後期與末期。在有絲分裂之前為間期，是細胞週期中歷時最長的生活階段。分裂之前，細胞核進行 DNA 複製，也就是染色體先行複製，並濃縮纏繞成易見的染色體。在有絲分裂的前期，核仁消失，細胞核膜崩解。由中心粒及微管開始組裝紡錘體，並形成紡錘絲。先前在複製染色體時會形成在中節（centromere）位置仍然相連的兩個染色體。在中期，相連的染色體排列成行於細胞中央，紡錘絲附著於中節的兩側著絲點。在後期，特定酵素會將著絲點切開，以是染色體就分開，並被微管所形成的紡錘絲拉往兩端。於是細胞兩端各有一組完整的染色體。到了末期，紡錘絲崩解，染色體鬆解，細胞核膜重新形成，核仁也再現。最後，細胞質分裂，並形成兩個子細胞，就是其親代細胞的複製品。其中的過程紡錘絲扮演重要角色，故稱有絲分裂。

真核細胞的減數分裂可說是邁向多樣化的里程碑。減數分裂主要是用來製造有性生殖的配子（gamete）。減數分裂過程中，細胞會經過兩次的細胞分裂，最後形成了四個僅含原有細胞一半染色體的單倍體細胞。因為染色體數目減少了，所以稱為減數分裂。減數分裂開始之前，雙倍體細胞核進行了染色體的複製。染色體成對出現者稱為同源染色體（homologues）。在 DNA 複製

後，每對的同源染色體各自複製成在中節相連的姊妹染色體（sister chromatids）。減數分裂與有絲分裂的不同處之一出現於第一減數分裂（meiosis I）的早期。姊妹染色體並排配對黏在一起，形成同源染色體複合體。此為聯會（synapsis）。靠在一起的同源染色體可相互交換 DNA 片段，此為互換（cross-over）。聯會與互換讓多樣化的機率提高了。第二不同之處為兩次減數分裂之間不進行染色體複製。所以第二減數分裂（meiosis II）所產生的四個子細胞為單倍體。兩個親代單倍體配子結合了就形成了合子（zygote）。合子又回復為雙倍體，具有兩套染色體。有性生殖的演化提供了重新組合基因的機會，以利於生存。

10.　原生生物的種類

　　最早的眞核生物爲原生生物（protists）。更爲複雜的植物、眞菌以及動物則由原生生物演化而來。原生生物是眞核域中最多樣性的一界。雖然許多物種間的關係還不是很清楚，原生生物可概括分爲五個超類群：古蟲超類群（Excavata）、囊泡藻超類群（Chromalveolata）、有孔蟲超類群（Rhizaria）、泛植物超類群（Archaeplastida）以及單鞭毛超類群（Unikonta）。最近的分子生物學證據顯示原本分類已不敷使用，如圖 2 的原生生物體系圖所示。以下的介紹仍援用較傳統的分類。

　　古蟲超類群主要包括雙滴蟲（diplomonads）、副基體蟲（parabasalids）與眼蟲（euglenoids）。古蟲超類群的多樣性顯示共生演化普遍出現於早期原生生物。

　　雙滴蟲屬於後滴門（Metamonada），具有兩個細胞核，是以鞭毛運動的單細胞生物。雙滴蟲沒有典型的粒線體。後滴門的另一類爲副基體蟲（parabasalids），其具有波浪狀的膜，可協助運動。副基體蟲也使用鞭毛運動。雙滴蟲與副基體蟲都缺少粒線體，現今被認爲是後天演化造成的。譬如說雙滴蟲中有一種賈地亞腸鞭毛蟲（Giardia intestinalis），是現今的一種寄生蟲。賈地亞腸鞭毛蟲的細胞核具有粒線體的基因。以粒線體抗體染色之後，在電子顯微鏡下可看出其具有退化的粒線體痕跡。所以腸鞭毛蟲應是原來有粒線體，後來退化消失了。

　　眼蟲（euglenoids）爲具有粒線體的單細胞眞核生物。眼蟲細

胞前端有儲積囊的構造，有兩根鞭毛附著在其底部基體上。其一很短而位於儲積囊中，而另一長鞭毛從儲積囊開口向前延伸而出，有助於運動。眼蟲還具有類似綠藻的眼點（stigma），可協助牠們往光亮處移動。眼蟲屬於眼蟲門（Euglenozoa）。眼蟲門是有鞭毛的生物，最顯著的特徵為許多眼蟲經由內共生而獲得葉綠體，能夠完全自營生活。由於有些眼蟲兼有葉綠素以及眼點，似乎兼有動物和植物的特性。在植物學、藻類學中稱為裸藻，而在原生動物學中稱為眼蟲。因此，眼蟲門也稱作裸藻門（Euglenophyta）。然而，眼蟲與所有藻類並不太相關聯，這代表的是早期原生生物演化過程中內共生應該是很普遍的現象。

有些具有葉綠體的眼蟲在黑暗中可從自營生物轉變為異營生物，其葉綠體會變小且失去功能。若將牠們放回有光線的環境中，很快會變回綠色。此事件顯示適應環境是演化的基本趨勢。

眼蟲門的第二主要類群為動基體蟲（kinetoplastids）。動基體蟲細胞內有獨特的粒線體。如何獨特？其粒線體內有兩種類型的DNA：迷你環與巨環。

囊泡藻超類群大部分是可行光合作用的生物，約在 10 億年前，其祖先可能吞入可行光合作用的紅藻細胞而來。紅藻是源自第一次內共生（primary endosymbiosis），所以囊泡藻就被視為二次內共生（secondary endosymbiosis）的產物。

囊泡藻超類群的主要成員包含囊泡藻門（Alveolata）及不等鞭毛門（Heterokontophyta）。

囊泡藻門下主要有三類：渦鞭毛藻類（dinoflagellates）、頂複合器蟲類（apicomplexans）以及纖毛蟲類（ciliates）。它們共同的特徵為在其原生質膜下具有一串連接的扁平的囊泡（alveoli）。多

數渦鞭毛藻是行光合作用的單細胞生物，具有兩根鞭毛。有些渦鞭毛藻如夜光藻還可以產生螢光。渦鞭毛藻的生殖主要以無性細胞分裂爲主，但在饑餓狀態下可進行有性生殖。頂複合器蟲類是可產生孢子的生物，大家很熟悉的例子就是瘧疾原蟲。其特徵爲細胞一端形成由纖維、微管、液泡以及其他胞器構成的頂複合器（apical complex），可協助蟲體入侵宿主。纖毛蟲爲具有大量纖毛的異營單細胞生物。草履蟲便是著名的纖毛蟲。其細胞內有兩種類型的細胞核：大核與小核。大核可進行有絲分裂，執行一般生理功能。小核與有性生殖有關。

不等鞭毛藻類包含褐藻（brown algae）、矽藻（diatoms）以及卵菌類（oomycetes）。不等鞭毛之意爲有兩種不同形狀的鞭毛，指的是鞭毛上還有纖細毛狀物。

褐藻係屬較高等的多細胞藻類，其主要特徵爲世代交替。在世代交替中，配子體爲多細胞的單倍體構造，孢子體爲多細胞的雙倍體構造。配子體通常很小，可產生雌雄配子，受精後形成合子。合子不斷進行有絲分裂，成長爲雙倍體孢子體。常見的海帶就是褐藻的孢子體。矽藻屬於黃金藻門，爲可進行光合作用的單細胞生物。矽藻具有雙瓣矽質外殼，因含矽而得名。矽藻的外殼縫隙上排列有纖絲，可協助細胞運動。卵菌類的代表生物爲水黴菌（water molds），主要特徵爲具有游動的孢子，其上具有兩根長短不等的鞭毛。水黴菌曾被認爲是屬於眞菌，故有黴菌之名。

有孔蟲超類群（Rhizaria）包含放射蟲（radiolarians）、有孔蟲以及足絲蟲（cercozoans）。

放射蟲的特徵爲玻璃狀外骨骼以及針狀的僞足。具有矽質骨架使其細胞出現獨特的形狀，呈兩側對稱或輻射對稱。有些放射蟲的

外殼形成精巧美麗的外形，僞足從外殼向外延伸而成爲尖刺狀。輻射狀分布的針狀物使其得以爲名。

有孔蟲（forams）具有堅硬的外殼，殼內常有許多孔而得其名。有些有孔蟲看起來像是微小的螺類。有孔蟲的多孔外殼被稱爲甲殼（tests），由有機物構成，其上有碳酸鈣顆粒、砂粒等。死去的有孔蟲會向海床落下，富含礦物的外殼以化石的形態在沉積物中可被保留著。有時，有孔蟲的甲殼化石沉積形成了地質上的沉積層。許多的石灰岩區域便是富含有孔蟲化石。

足絲蟲算是屬於有孔蟲超類群的一類原生動物。其主要特徵是通過絲狀僞足攝食。而有些種類可行光合作用，爲自營生物。還有些種類可補食細菌而又同時行光合作用。此現象顯示演化趨勢的多樣化。

氾植物超類群（Archaeplastida）大約是在 10 億年前由一單一內共生所演化出來的。此超類群包含了紅藻（red algae）、綠藻（green algae）以及輪藻（charophites）。

紅藻是沒有鞭毛以及中心粒的藻類。紅藻係以有性生殖來繁殖，大多有世代交替的現象。它們常依賴海洋波浪將其配子送至其他個體處。紅藻具有藻紅素，其爲光合作用輔助色素，其紅色遮掩了葉綠素的顏色而使紅藻呈現紅色。由於藍光與綠光可穿透海水，藻紅素及藍藻素等輔助色素可協助紅藻吸收藍光與綠光，以是紅藻可生活於較深的海洋中。紅藻的體型可從微小的單細胞個體到很大（如幾公尺）的多細胞海藻。紫菜（海苔）便是多細胞紅藻。

綠藻與陸生植物在親緣上非常接近。綠藻的葉綠體在生化上與植物相當接近，都含有葉綠素 a 與 b，以及一些類胡蘿蔔素。早期的綠藻爲單細胞個體，在細胞前端具有兩根鞭毛，有助於在水中運

動。或許隨後演化出不會游動的單細胞綠藻。爲了適應環境，群體化或多細胞化一直是演化的一項趨勢。群體綠藻生物就是很好的例子。團藻（volvox）的藻體爲球形群體，由許多（500～60,000）個體細胞排列構成單細胞層，形成中空的球體。每個個體細胞都具有兩根鞭毛，顯示單細胞原有特色。然而，各細胞之間有原生質絲（plasmodesmata）相連，還有營養細胞與生殖細胞之分。此事件顯示分工的多細胞演化趨勢。譬如說團藻球體中有些可進行無性分裂生殖的細胞，分裂後向球體內凹陷而形成形成一團，如是產生了新群體生物。也有些生殖細胞可產生配子，進行有性生殖。

輪藻與陸生植物的親緣關係顯然較綠藻更爲接近。目前從rRNA與DNA所得證據顯示陸生植物是從早期的輪藻演化而來的。輪藻類中輪藻屬與萊毛藻屬與植物的親緣關係最接近。萊毛藻具有細胞質間相連的原生質絲，這在陸生植物中是很普遍的。輪藻可進行有絲分裂與胞質分裂，與陸生植物類似。輪藻與萊毛藻都可產生不會游動的卵與具鞭毛的精子，受精形成合子的過程皆與陸生植物類似。在沼澤或湖濱，二者可長成一大片的綠色藻墊，乾旱後勢必要適應。很合理的可以推估有機會演化出耐乾旱的能力，最後成功登陸。換言之，早期的輪藻很可能就是陸生植物祖先。

單鞭毛超類群（Unikonta）包含變形蟲（amoebas）、核變形蟲（nucleaiides）以及領鞭毛蟲（chaonoflagellates）。

變形蟲或稱爲黏菌（slime molds）。就像水霉菌一樣，黏菌原本被視爲眞菌，現已被歸類於原生生物。變形蟲的特色爲可利用僞足（pseudopods）來移動。僞足是原生質向外流動的突出物，可拖動細胞向前移動，也可用來吞食食物。僞足係利用肌動蛋白（actin）與肌凝蛋白（myosin）的微絲來運動，類似脊椎動物的

肌肉收縮。由於細胞體的任何一點都可以形成偽足，所以可以根據需要改變體形，因而有變形蟲之稱。變形蟲有兩個世系：原生質體黏菌（plasmodial slime molds）與細胞性黏菌（cellular slime molds）。

原生質體黏菌以原生質體（plasmodium）的型式進行流動。這類黏菌具有多細胞核且無細胞壁分隔，形成原生質團塊，就像一團會移動的黏液。此多細胞核的原生質體可進行有絲分裂。當食物缺乏或是乾燥時，原生質體會快速移動至新區域，然後停止移動並開始產生分化的孢子或孢子囊。其孢子對不良環境具有高度抵抗力，譬如說在乾燥處可存活達一年。此事件顯示適應環境就是演化的一個趨勢。細胞性黏菌的個體就如典型變形蟲模式運行覓食。當食物缺乏時，個別的變形蟲細胞開始聚集而形成一個蛞蝓蟲。此事件顯示多細胞化與細胞分化的演化趨勢。

核變形蟲（屬於核形蟲綱）是一種吞食細菌的原生生物，DNA 系列的分析發現核變形蟲與真菌有密切的親緣關係。換言之，早期的核變形蟲很可能是真菌的祖先。

領鞭毛蟲與海綿的原始動物相當類似。領鞭毛蟲的單一鞭毛被具收縮性漏斗狀領子包圍住，此領狀物與海綿很像，都是由緊密排列的絲狀物所構成。它們的群體生活方式也類似於一種淡水海綿。似乎，原始的領鞭毛蟲多細胞化與某些細胞高度特化而演化成原始海綿動物。另外，無細胞壁的演化也使得動物更具靈活性。

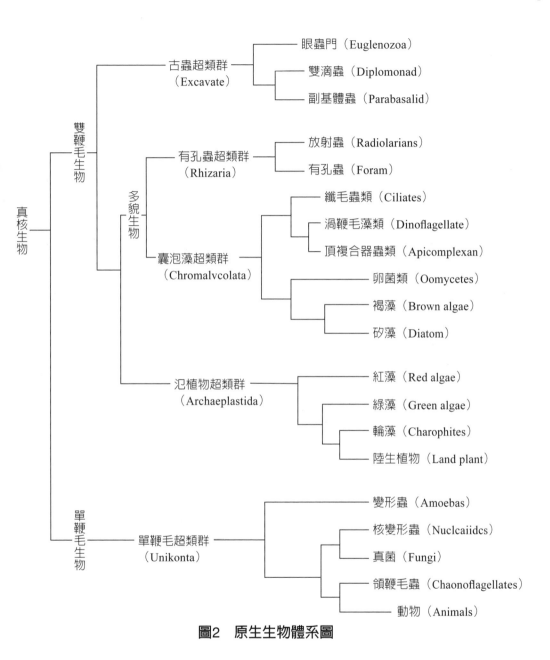

圖2　原生生物體系圖

11. 眞菌的演化

　　有些眞菌類如菇類看起來像是植物，因此以前眞菌曾被歸類爲植物。然而，從原生生物系統發生學（圖2）來看，眞菌的祖先很早就跟植物體系分道揚鑣了。目前的分類，眞菌已自成一界。

　　現實上，眞菌只有在外觀以及不會運動的特徵與植物相似。眞菌與植物顯著不同之處如下：

(1)眞菌是沒有葉綠素的異營生物

　　所有的植物皆可行光合作用，而眞菌無法進行光合作用。眞菌是靠分泌消化性酵素到四周環境中，然後吸收酵素所分解出來的有機分子。

(2)眞菌的主體爲絲狀的菌體

　　陸生植物由不同組織所構成，而眞菌由排列成細長的菌絲所構成。

(3)眞菌具有不會游泳的精子

　　一些植物具有利用鞭毛運動的精子，大多數眞菌則無。

(4)眞菌的細胞壁由幾丁質所構成

　　植物的細胞壁由纖維素所構成，眞菌的細胞壁含有幾丁質（chitin）。此種幾丁質與螃蟹的甲殼成分相同。此事件也顯示眞菌與動物的親緣較植物爲近。另外，幾丁質較纖維素更能耐受微生物的分解。

(5)眞菌在細胞核行有絲分裂

　　眞菌進行有絲分裂時，核膜不會分解消失，故有絲分裂都在細

胞核內進行。

　　很清楚的可以看出，真菌與植物真的大不相同。也就是說真菌並非植物。

　　真菌的主體爲細長的絲狀物，稱爲菌絲（hyphae）。一條菌絲通常就是一長串的細胞所構成。肉眼可勉強看到菌絲，平常所看到麵包上的發霉物就是菌絲。菌絲也可能聚集成團，稱爲菌絲體。有些物種的許多菌絲聚集在一起，形成較大的結構，譬如說雲芝便是長在樹幹上的支架真菌（shelf fungus）。比較醒目的菇傘往往是暫時性的生殖構造。

　　菌絲由一長串的細胞所連結在一起，細胞間雖有中隔的橫隔細胞壁，然而中隔上具有孔道，可讓細胞質流通。這種細胞質流通的特性代表的是細胞間可共享資源。這種特性也使真菌可快速適應環境的變化。當外界水分與食物充足時，真菌可快速生長。

　　真菌可進行無性生殖與有性生殖。除了合子爲雙倍體之外，真菌的細胞核都是單倍體。當真菌形成了生殖構造，其細胞間形成了完全隔離的中隔。也就是說生殖構造中已不再有細胞質流通的特性。真菌有三種生殖構造。其一爲配子囊（gametangia），可產生單倍體配子。兩種配子結合後形成合子，再行減數分裂。其二爲孢子囊（sporangia），可產生單倍體孢子，可散布繁殖。其三爲分生孢子柄（conidiophores），可快速產生無性的分生孢子（conidia）。孢子爲真菌中常見的生殖方式，微小輕盈的孢子很容易散播到各處。當孢子降落到合適的地點，便可萌發，長出新的菌絲。

　　真菌的有性生殖通常需要有不同交配型的兩個個體。兩個來自於不同型的菌絲進行接觸，然後菌絲互相融合。對於大多數的真

菌，菌絲細胞融合後，兩個細胞核並不會立即融合。這種具有兩個
細胞核的眞菌細胞可算是與眾不同的特徵。如果這種雙核細胞來自
於遺傳上不同的個體，就稱爲異核體（heterokayron），若來自於
遺傳上相同的個體，就稱爲同核體（homokayron）。菌絲融合後
長成特定的生殖構造如孢子囊、擔子果或子囊果。在其中，雙核細
胞的兩個細胞核融合成爲合子。合子經由減數分裂，最後形成單倍
體的孢子。散播出去的孢子萌發，長成新的菌絲。

　　所有的眞菌是可分泌消化性酵素到四周環境中，靠所謂的體外

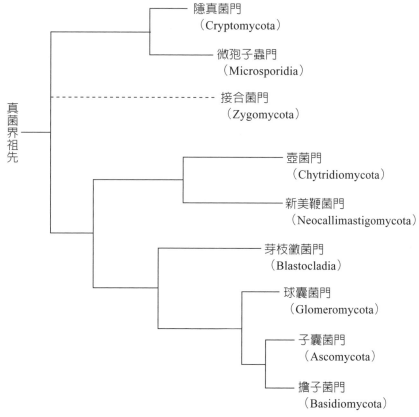

圖3　眞菌體系圖

消化（externaldigestion）將食物分解，然後吸收酵素所分解出來的有機分子。譬如說許多眞菌可分解木材中的纖維素，所產生的葡萄糖便可被眞菌吸收。所以眞菌往往生長在樹木上。還有一種秀珍菇的菌絲可捕捉線蟲。其菌絲可分泌一種麻醉物質使線蟲無法動彈，然後菌絲便穿入蟲體，吸收其養分。

12. 真菌的種類

　　藉助基因體系列數據，真菌學家於 2007 年將真菌分為 8 個門：微孢子蟲門（Microsporidia）、芽枝黴菌門（Blastocladia）、新美鞭菌門（Neocallimastigomycota）、壺菌門（Chytridiomycota）、接合菌門（Zygomycota）、球囊菌門（Glomeromycota）、擔子菌門（Basidiomycota）以及子囊菌門（Ascomycota）。圖 3 為真菌演化圖。一些證據顯示真菌的分門別類需要更進一步的釐清。以下依圖 3 的順序討論。

　　隱真菌門（Cryptomycota）又稱為羅茲菌門（Rozellomycota），是真菌界中最基群的演化支之一。隱真菌通常為存在於土壤、淡水與海洋沉積物中的微生物。隱真菌與其他真菌最大的差異為在生長時期缺乏含幾丁質的細胞壁。然而其基因組中仍具有幾丁質合成酶的基因，且其休眠孢子的內壁有發現到幾丁質。因為缺乏細胞壁，隱真菌可利用吞噬作用取得養分。此有別於其他真菌需要分泌酵素到胞外分解有機物，然後再以擴散作用吸收養分。

　　微孢子蟲門（Microsporidia）是由孢子形成的動物專性單細胞寄生蟲。原本微孢子蟲被視為原生生物。而後來的分析研究結果顯示，微孢子蟲歸屬於真菌界。另外，微孢子蟲沒有粒線體，但具有粒線體的基因。換言之，微孢子蟲的祖先應曾有粒線體，但現已高度退化了。微孢子蟲通常利用孢子感染宿主。微孢子蟲的孢子有個極管。極管可將孢子的內容物擠入宿主細胞，形成一個液泡，並控制整個宿主細胞。微孢子蟲可感染昆蟲、甲殼類以及魚類。部分物

種可能會感染人類，但多是伺機感染原，通常在人體免疫力下降時才造成感染。

壺菌門（Chytridiomycota）是一類具有游孢子的真菌。其中，壺菌（chytrids）算是相當原始的真菌。壺菌仍保有其祖先所擁有的具鞭毛配子：游孢子。其釋出游孢子的結構游孢子囊像似小壺，因而有壺菌之名。多數壺菌為水生的，少數出現於潮濕的土壤中。壺菌多為腐生，釋放酵素分解環境中的腐爛有機物質，再利用滲透取得養分。有些壺菌可寄生在其他生物中。譬如說蛙壺菌可感染兩棲類，導致所謂的壺菌病。

新美鞭菌門（Neocallimastigomycota）與壺菌的親緣相當接近。新美鞭菌具有多鞭毛的游孢子，是缺乏粒線體的厭氧生物。新美鞭菌的發現來自於綿羊的瘤胃中的一些運動細胞，最初被認為是鞭毛蟲。現在已經證明這些細胞是與壺菌有親緣關係的真菌。新美鞭菌門所產生的一些酵素可分解纖維素與木質素。這可說是許多草食性動物如反芻動物、非反芻哺乳動物、食草爬行類動物的福音，因為有助於消化。

芽枝黴菌門（Blastocladia）是一門與壺菌門頗為接近的真菌。芽枝黴菌具有單一鞭毛的游孢子。由於其游孢子都是具有鞭毛，芽枝黴菌與新美鞭菌、壺菌曾被歸類於同一門中。那就是傳統的壺菌門。但 DNA 分析結果發現此三者分別來自於三個單一的譜系。芽枝黴菌為水生真菌。芽枝黴菌的菌體型態形似一棵樹，一端為單主幹上有生分支，並具有假根，另一端則為孢子囊所組成。芽枝黴菌已具有單倍體與雙倍體世代。

接合菌門（Zygomycota）在真菌中是非常獨特的一類。接合菌（zygomycetes）的菌絲在融合之後並非形成所謂的雙核異核體，

而是會融合產生一個雙倍體細胞核，就是合子。這就像動植物的精子與卵結合產生合子一樣。所以接合菌英文名字指的就是會產生合子的眞菌。接合菌的孢子分為有性及無性兩種，有性生殖為接合孢子，無性生殖為孢子囊孢子。

　　平常舒適的環境狀態下，接合菌利用無性生殖來繁殖。在其一條菌絲頂端產生了完全分隔的中隔，並形成了直立孢子囊柄，其頂端上有孢子囊。由於孢子囊呈球狀，所以接合菌的無性生殖構造看起來像似棒棒糖。孢子囊製造出單倍體孢子。孢子囊迸發出的成熟孢子隨風飄散，落到新棲所。然後孢子萌發產生新的菌絲。有性生殖比較不常見，在有環境壓力的情況下可能會發生。接合菌可說是雌雄異株的，分為「＋」與「－」兩種交配型。環境條件惡劣時，兩種交配型菌絲體各長出一短枝，中隔閉合隔離了細胞核，並成為配子囊。不同交配型的配子囊接觸並融合，兩個細胞核也融合形成雙倍體的接合孢子。接合孢子囊成熟後，形成厚壁，可進入休眠狀態以抵抗逆境。外界環境合宜時，接合孢子囊萌發，長出柄與球狀孢子囊。萌發同時也進行減數分裂，產生單倍體孢子。孢子囊壁破裂後，單倍體孢子釋放出來，再萌發長成新的菌絲。

　　常見的麵包霉（黑根霉）就是接合菌。然而，接合菌並非單系的，包括許多微小而可分解有機物質眞菌。一些傳統上因為形態簡單被視為接合菌的眞菌如青黴菌等已因為分子證據而被移入子囊菌（Ascomycetes）。分子證據也顯示接合菌是一個旁系群。

　　球囊菌門（Glomeromycota）為行無性生殖的植物共生眞菌。

　　球囊菌（glomeromycetes）的菌絲前端可以生長在樹木與草本植物的根部細胞內。菌絲可在根內形成分枝結構，有助於交換養分。這種有分枝構造的共生結構稱為叢枝菌根（arbuscular mycorrhizae）。球囊菌無法離開植物而獨立生存，此種共生是互利的。球囊菌提供植物所需的礦物質，主要爲磷，而植物提供碳水化合物給球囊菌。超過八成的維管束植物能與球囊菌形成共生關係。在苔蘚植物等沒有眞實根部構造的植物也有枝狀菌根。化石證據顯示菌根這類共生體有助於陸生植物的演化。球囊菌的某些特徵與接合菌有點類似，曾被歸屬於接合菌。然而，球囊菌不會產生接合孢子，實與接合菌不同。依核醣體 RNA 排列分析，球囊菌起源於單一支序群。

擔子菌門（Basidiomycota）爲菇類眞菌。

擔子菌（basidiomycetes）可說是大家最熟知的一類眞菌，已知者約有二萬多種，包括菇類（mushrooms）、毒蕈（toadstools）、馬勃菌（puffballs）、支架眞菌（shelf fungi）、鬼筆（stinkhorns）以及一些致病的眞菌。擔子菌係以有性生殖爲主，無性生殖不常見。

擔子菌的擔孢子（basidiospores）萌發後形成有性的單核菌絲。兩種交配型（＋與－）的單核菌絲接觸並融合之後，形成了雙核的菌絲。此時兩個細胞核並未融合。雙核的菌絲繼續成長爲雙核的複雜的次級菌絲體，然後形成了擔子果（basidiocarp），也就是菇體。在菇傘下方像是手風琴狀的蕈摺上，排列著擔子（basidia）的生殖構造。在擔子中，雙核細胞的兩個細胞核融合成合子，這是擔子菌生活史中唯一的雙倍體細胞。合子在擔子中行減數分裂，最後形成單倍體的擔孢子。根據估計，八公分大小的菇傘每小時可產生四千萬的擔孢子。散播出去的擔孢子萌發，長成新的有性單核菌絲。通常，擔子菌沒有無性孢子。

擔子菌門的眞菌種類繁多，與人類的生活關係較大。有可以食

用者如蘑菇、木耳等。洋菇為許多地方的經濟作物。有可以藥用者如靈芝。也有許多種類有毒。有些是植物的病原菌，例如鏽菌和黑粉菌。擔子負於擔子果上，此外，擔子果多大而顯著。還有使人致病者如酵母隱球菌。

子囊菌門（Ascomycota）為種類最多的真菌。

子囊菌（ascomycetes）的有性生殖構造具有產生後代孢子的保護囊，稱為子囊（ascus）。子囊菌亦因此得名。保護後代顯然是演化的重要方向，而子囊菌門就成了真菌界中最大一門。現今已發現的子囊菌種類超過六萬種，包括大家熟知的酵母菌、黴菌、松露，以及許多植物的病原菌。

子囊菌通常行無性生殖。其方式可能是芽生、分裂或以分生孢子繁殖。無性孢子顯然是常見的繁殖模式。子囊菌的菌絲中隔上通常具有孔道，可讓細胞質流通。然而，當特別的菌絲頂端產生完全分隔的中隔時，便是無性生殖的開始。分隔出來的無性孢子稱為分生孢子。分生孢子的通常具有數個單倍體的細胞核，端看哪個中隔閉合起來而定。分生孢子釋放出來後，隨氣流飄散，落在新棲處後萌發並長出新的菌絲。

當開始進行有性生殖時，不同交配型的兩種菌絲形成了雌、雄配子囊。產囊體（ascogonium）（雌性配子囊）會透過受精絲（trichogyne）與藏精器（antheridium）（雄性配子囊）融合，形成雙核的菌絲。雙核的菌絲與不孕的菌絲會發育長成子囊果（ascocarp）。子囊果中的雙核的菌絲形成年輕的子囊，在其內的雙核融合成合子。合子是子囊菌生活史中唯一的雙倍體細胞。在子囊中，合子進行減數分裂，產生單倍體的子囊孢子。散播出去的子囊孢子萌發，長成新的菌絲。

　　子囊菌可寄生、共生、腐生或兼性腐生，也是相當多樣化的真菌。酵母菌是單細胞的真菌，可用來釀酒，烘焙麵包。松露、羊肚菌等是可以食用的真菌。冬蟲夏草可入藥。青黴菌可用來製造抗生素，青黴素（盤尼西林）也是人類最早發現的抗生素。當然，也有很多種類的子囊菌為植物的病原菌。荷蘭榆樹與板栗的枯萎病常是子囊菌所致。

13. 真菌在生態上的角色

　　真菌與細菌、古菌都是生物圈的重要分解者。真菌更是唯一能夠分解木質素（liglin）的微生物。一般而言，死亡的生物經由真菌、細菌或古菌的分解，可讓碳、氮、磷等相關物質重新送回生態系統的循環。或許可以說，沒有這些分解者，地上早就堆滿了動植物的屍體了！

　　真菌可跟許多藻類、植物形成聯合體。這是生物圈裡最美妙的事件之一。行光合作用的生物（藻類或植物）提供了碳水化合物作為真菌的食物，而真菌從環境中吸收礦物質與其他養分。二者聯合，互蒙其利。

　　真菌與植物根部所形成的聯合體稱為菌根（mycorrhiza）。在菌根上，菌絲從根部表面向外生長，有如高效率的根毛，協助將土壤中的磷與其他礦物質運送到植物根內。植物則提供有機物質讓共生細菌使用。早期的陸生植物化石中就有發現到球囊菌與植物的共生菌根，顯示真菌對於植物登陸上扮演了重要的角色。

　　地衣（Lichen）為真菌與綠藻、藍綠菌的共生體，呈灰白、暗綠、淡黃、鮮紅等多種顏色，長在乾燥的岩石或樹皮上。大部分的地衣是由子囊菌擔任真菌的角色。地衣肉眼可見部分通常是由真菌構成，交錯於菌絲間的是綠藻或藍綠菌。耐久的真菌結構結合了可進行光合作用的共生夥伴，使得地衣能夠入侵最艱困的地區如山巔、沙漠來生存。譬如說乾燥裸露的岩石上，地衣往往是最先到來的殖民者，它們可逐漸分解岩石，並為其他生物開啟了大門。此

外，地衣對空氣汙染物如二氧化硫相當敏感，所以都市裡不易見到地衣。有時，地衣也可當作空氣品質的指標。

14. 動物的演化

　　約 12 億年前，多細胞生物出現了，顯示分工有利於演化。而物競天擇，適者生存，地球生物也將進一步走向演化論的路徑。

　　生命存在的目的之一在於掠奪資源以及能量。於是乎異營的動物演化成具有優勢的生命體。動物的演化確實多與「動」有關。

　　原生生物單鞭毛蟲（超類群包括變形蟲、真菌始祖核變形蟲以及動物始祖領鞭毛蟲）似乎已有群體化或多細胞化的趨勢。而領鞭毛蟲與海綿的原始動物相當類似。領鞭毛蟲的單一鞭毛被具收縮性漏斗狀領子包圍住，此領狀物與海綿很像，都是由緊密排列的絲狀物所構成。它們的群體生活方式也類似於一種淡水海綿。似乎，原始的領鞭毛蟲多細胞化與某些細胞高度特化而演化成原始海綿動物。另外，無細胞壁的演化也使得動物更具靈活性。

　　約 9 億多年前，原始海綿動物出現了。海綿是沒有組織的最簡單動物。海綿缺乏對稱性，雖然海綿體內有些細胞高度分化，但尚未構成組織。海綿外層覆蓋一層扁平的上皮細胞，以保護本體。此特色也指出演化方向：組織。

　　約 6 億 8 千萬年前，原始刺絲胞動物出現了。現今，水母、珊瑚、海葵、水螅都被歸類為刺絲胞動物門（Cnidaria）。動物界中，沒有組織而缺乏對稱性者被稱為側身動物（parazoa）。而有組織、具確定形狀以及對稱性者被稱為真後生動物（eumetazoa）。刺絲胞動物就是真後生動物。刺絲胞動物已具有雙胚層，外胚層發育成表皮，內胚層發育成腸皮層。這些胚層也分化出許多的組

織。刺絲胞動物的形狀是輻射對稱的，其體內有腸腔，有一口部，既是入口也是肛門。牠們利用口周圍的觸手來獵取食物。其身體與觸手具有刺絲胞。刺絲胞中含有刺絲囊，受刺激時可爆出刺絲，甚至可穿透甲殼類的硬殼，或許可說是極端危險之生物。刺絲胞動物也演化出神經網，呈網狀。

圖4為概略的動物演化圖。由圖4可看出櫛水母（Ctenophores）或稱為櫛板動物可能比刺絲胞動物更早出現。櫛水母體外具有櫛板排列成縱行的纖毛帶八條，觸手具有黏液細胞。原本櫛水母動物與刺絲胞動物被歸類於腔腸動物門，皆屬於輻射對稱動物。然而，櫛水母並無刺絲胞，其神經系統亦與其他動物有所不同。櫛水母具有不發達的神經索。櫛水母和水母樣子相似應該是發生了趨同演化。現在，櫛水母已獨立分類為櫛板動物門（或稱櫛水母動物門）。

表3列出顯生宙地質年代的一些重要生命事件。寒武紀之前，動物界僅有4門的化石被發現：海綿動物門、櫛水母動物門、刺絲胞動物門以及扁盤動物門。而在寒武紀之時的化石，突然出現了超過三十幾門的新動物。這就是所謂的寒武紀物種大爆發。這些新的門大都是三胚層動物，或者說第三胚層的演進啟動了多樣化的演化方向。在此依傳統的方式討論後續的演化。

約6億5千萬年前，原始的兩側對稱動物出現了。現今的扁形動物如渦蟲就是兩側對稱動物。身體為兩側對稱的演化有利於活動。

通常，兩側對稱動物的上半部稱為背部（dorsal），下半部稱為腹部（ventral）。前面為前端（anterior），後面為後端（posterior）。兩側對稱動物的演化容許身體不同部位有了不同的

特化，例如演化出頭端後，其前端集中有感覺器官，有利於活動以及偵測食物與危險性。兩側對稱動物在發育時形成三胚層。一般而言，表層及神經系統是從外胚層發育而來，腸道由內胚層發育成，而肌肉、器官及骨骼則由中胚層發育而來。換言之，相對於輻射對稱動物，兩側對稱動物進化出中胚層相關系統。另外，動物在胚胎發育過程形成了中空的囊胚，內縮後形成兩層厚的球，胚孔向外開口。對於眞後生動物，口是從胚孔或附近發育而來的，稱爲原口動物（protostome）。原始的原口動物於約6億1千萬年前出現。至於肛門來自於囊胚孔的動物稱爲後口動物（deuterostome）。在原口動物中，生長時是在既有的身體上加上重量的稱爲冠輪動物（Lophotrochozoan）。而具有外骨骼，必須脫去外殼以利生長者稱爲蛻皮動物（Ecdysozoan）。

　　扁形動物（渦蟲、吸蟲、條蟲等）爲原口動物中的冠輪動物。扁形動物有口，但無肛門。牠們沒有體腔，所以無呼吸及循環系統，於是，其身體必須保持扁平，以使氧氣及養料能夠透過滲透來吸收。扁形動物的神經系統相當簡單，其成體頭部具有眼點，是簡單的感應器官，可區分明暗。扁形動物已具複雜的生殖系統，多數是雌雄同體。有些屬的扁形動物有可無性再生，這些屬的個體被分割後，每塊可再生成完整的新個體。

　　圓形動物是有體腔的動物。爲了運動，演化出體腔有其優勢。其一爲循環。體腔內的液體流動有助於物質輸送，也開啓了個體大型化之途。其二爲運動。體腔內的液體使個體堅固化，容許與肌肉收縮相抗衡，以是開啓了肌肉驅動個體運動之途。第三爲器官功能。體腔內的液體使器官可行使其功能不因周圍肌肉而變形。演化初時，體腔位於中胚層與內胚層之間，稱爲假體腔

表3 顯生宙地質年代與生物發展程度表

地質年代		時間	重要生命事件
古生代		約5.42～2.51億年前	古代生物的時期
	寒武紀	約5.42～4.88億年前	物種大爆發，帶殼的節肢動物（最早者為三葉蟲）出現
	奧陶紀	約4.88～4.44億年前	地錢與原始魚類出現，第一次大滅絕
	志留紀	約4.44～4.16億年前	陸生植物出現，有些呼吸空氣的動物移居陸地
	泥盆紀	約4.16～3.59億年前	蕨類植物、馬陸、蜘蛛類、原始鯊類出現，第二次大滅絕
	石炭紀	約3.59～2.99億年前	氧氣含量達35%高峰，蕨狀喬木出現，爬類出現
	二疊紀	約2.99～2.51億年前	昆蟲（節肢動物）演化出飛行能力，第三次大滅絕（規模最大，96%物種滅絕）
中生代		約2.51～0.66億年前	中等進化生物的時期
	三疊紀	約2.51～2億年前	喬木出現，蜥蜴演化出鱷類、恐龍類，蜂類出現，第四次大滅絕
	侏羅紀	約2～1.46億年前	恐龍稱霸，始祖鳥、飛行爬行類、陸龜、齧齒動物、蠅、蟻、蟹、蝦等類出現
	白堊紀	約1.46～0.66億年前	哺乳動物、袋類動物、開花植物出現，第五次大滅絕
新生代		約6,600萬年前至今	現代生物的時期
	古近紀	約6,600～2,300萬年前	靈長類出現
	新近紀	約2,300～260萬年前	人類與黑猩猩的共同祖先出現
	第四紀	約260萬年前至今	
	更新世	約260～1.2萬年前	大型哺乳動物蓬勃發展，然後滅絕。智人逐步進化
	全新世	約1.2萬年前至今	末次冰河期結束，人類文明興起

（pseudocoel）。Pseudo 的意思為擬似，假體腔的後續演化為真體腔（coelom）。真體腔則是在中胚層中發育而來的。

假體腔動物尚缺明確的循環系統。圓形動物包括數個動物門如蛔蟲、線蟲等就是假體腔動物。另外一個具有假體腔的動物門為輪形動物門，也就是輪蟲。

圓形動物為兩側對稱，細圓柱狀，無體節的蟲。其消化腸道已進化為單向的，食物由口端進入，從另外一端的肛門離開。換言之，圓形動物已演化出肛門。此外，圓形動物也出現了咽部，食物可由富含肌肉的咽部的吸食作用而經過口部，再進入消化道。圓形動物身體覆有彈性的厚角質層，會蛻皮而成長。蛻皮也是圓形動物的演化特徵。

輪形動物，輪蟲，也是假體腔動物。輪蟲的身體短圓，有明亮的殼，兩側對稱。其身體的後端多數有尾狀部，前端有一纖毛盤，具有運動功能。纖毛擺動時狀如旋轉的輪盤，所以得名。

約在寒武紀初期或之前，觸手冠動物出現了。觸手冠動物的演化過程目前並不很清楚。牠們也是原口動物中的冠輪動物。牠們的口部周圍成扇形排列的一圈具纖毛的觸手，名為觸手冠。觸手冠動物通常是靠纖毛運動時將含有食物粒子的水流送入口中來攝取養分的。觸手冠動物包括苔蘚動物門（Bryozoa）、腕足動物門（Brachiopoda）、帚形動物門（Phoronida）。

約在寒武紀，演化出真體腔的軟體動物（Mollusca）出現了。軟體動物門是動物界中僅次於節肢動物門的第二大門。軟體動物身體無內骨骼且軟，大多數不分節，身體結構可分為頭、足、內臟團及外套膜 4 個部分。軟體動物型態差異甚大，可分為三個主要類群。腹足類（gastropodas）如蝸牛、蛞蝓、螺等的外套膜通常會分

泌出單一的堅硬保護殼。雙殼貝類（bivalves）如蚌殼、牡蠣、扇貝等則分泌出兩瓣外殼。頭足類（cephalopodas）如章魚、烏賊具有可變形的外套膜，其殼業已退化了。

環節動物（Annelida）也是約在寒武紀時出現的。環節動物算是第一個演化出體節的動物。陸生的蚯蚓與海中的剛毛蟲就是代表性的環節動物。環節動物的特徵有三。其一，環節動物具有重複的體節，看起來是一列環狀構造排出的長身體。每個圓柱狀體節中都重複有排泄及運動器官。譬如說蚯蚓的每個體節是分開的，都可獨立延展或收縮。爬行時，蚯蚓會伸長身體的一部分，而縮短另一部分。第二特徵爲特化的體節。譬如說環節動物的每個體節含有一組腎管及神經中心，前端體節包含感覺器官。一個前端體節含有發育良好的神經節或腦。有些環節動物已演化出精細的眼睛，具有水晶體及視網膜。其三，循環系統攜帶血液由一體節到另一體節，而神經索連接了每個體節的神經中心以及前端體節的腦。腦可協調蚯蚓的運動。

約5億3千萬年前，原口動物的另一枝系蛻皮動物（Ecdysozoa）出現了。現今的蛻皮動物包括節肢動物門、線蟲動物門以及幾個小的門。其中，節肢動物（arthropod）是最爲成功的。節肢動物的主要演化特徵爲形成具有關節的附肢（節肢化）。具關節的附肢使節肢動物的運動能力大幅提升了。而有些附肢後續演化成各種用途如腳、翅膀、觸角、口器等。節肢動物的第二項重要演化特徵爲堅硬的外骨骼。其外骨骼的主要成分爲幾丁質（α-甲殼素）。節肢動物的肌肉附著於堅硬幾丁外殼的內側。堅硬外殼有保護作用，且有阻止水份喪失的功能。節肢動物的第三項特徵爲蛻皮。外骨骼使其往往需要脫去外殼以利生長。

　　節肢動物的身體是有分節的，尤其是在早期發育期間。譬如說蝴蝶的毛毛蟲（幼蟲期）有許多體節，成蟲形成具功能的體節：頭、胸及腹部。節肢動物的具關節附肢及外骨骼使其成為演化相當成功的動物，以是，節肢動物為動物界中物種最多的一門。

　　節肢動物的前端附肢演化成螯肢者為有螯肢動物（chelicerates）。有螯肢動物包括三葉蟲（滅絕）、鱟、蠍子、蜘蛛及蟎，牠們可能是於寒武紀演化自海生動物。其他的節肢動物具有大顎，稱為具顎動物（mandibulates），包括甲殼類、昆蟲、百足蟲、倍足蟲等。其中，無所不在的昆蟲是節肢動物中最大一群。

　　約 5 億 4 千萬年前，或寒武紀之前，顯現刺狀皮膚的棘皮動物（echinoderms）出現了。棘皮動物為第一類後口動物。牠們的原腸胚孔形成肛門，而口部是後來形成的。棘皮動物具有內骨骼，是由堅硬、富含鈣的小骨所組成。其皮膚包覆了內骨骼構成的骨板。現今常見的棘皮動物包括海星、海膽以及海參等。

　　棘皮動物在幼蟲期是兩側對稱的，然而成熟的身體發育成輻射對稱。此顯示演化方向的多樣性，合適者繼續存活。棘皮動物成體為五射對稱，其特有的結構是水管系統和管足，可用於移動、攝食、呼吸以及感覺。提及感覺，棘皮動物的神經系統包括一中央神經環，再分出五個分支而能做出複雜的反應模式。然而棘皮動物是沒有中央控管的腦的。

　　大部分棘皮動物行有性生殖，但具有無性生殖能力，可讓喪失部分再長出來。

　　約 5 億 3 千萬年前，演化出脊索（notochord）的脊索動物（chordates）出現了。已滅絕的皮卡蟲是最原始的一種脊索動物。現存的文昌魚保留了皮卡蟲的某些特徵。脊索動物為具有真體腔的

後口動物，還具有不同功能的內骨骼。原始脊索動物的主要特徵有四。其一為堅實而有彈性的脊索主軸，肌肉連接於其上，容許更為快速的運動。其二為位於背部的中空神經索（nerve cord），身體不同部位的神經附著其上。其三為口部後一些咽囊（pharyngeal pouches），有些形成咽鰓裂。第四特徵為肛後尾（postanal tail），肛門後延伸出尾部。

文昌魚是較為原始的脊索動物，其脊索延伸到背神經管的前方，故名頭索動物。文昌魚並無真正的頭部，所以又稱為無頭類。頭索動物缺少獨立的呼吸系統以及專門的感覺器官。嗅球類（olfactores）則進一步演化出特定的感覺器官，以是以嗅為其名。被囊動物為嗅球類的一支。被囊動物的脊索與背神經管僅存於幼體尾部，成體則退化消失。其身體表面披有一層植物性纖維質的囊包，因而得名。海鞘為代表性被囊動物。嗅球類的另一大分支為脊椎動物。大多數脊索動物為脊椎動物。脊索動物門為動物界第三大門，物種多樣性僅次於節肢動物門與軟體動物門。

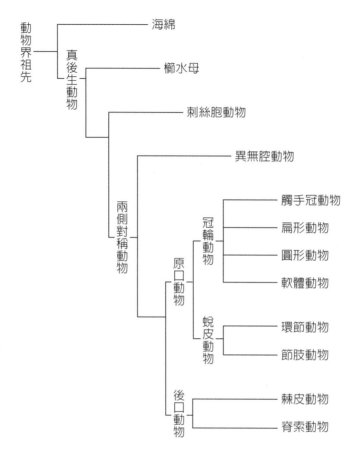

圖4　動物演化圖

15. 陸生植物的演化

　　目前從 rRNA 與 DNA 所得證據顯示陸生植物是從早期的輪藻演化而來的。輪藻類中輪藻屬以及萊毛藻屬與植物的親緣關係最為接近。萊毛藻具有細胞質間相連的原生質絲，這在陸生植物中是很普遍的。輪藻可進行有絲分裂與胞質分裂，與陸生植物類似。輪藻與萊毛藻都可產生不會游動的卵與具鞭毛的精子，受精形成合子的過程皆與陸生植物類似。在沼澤或湖濱，二者可長成一大片的綠色藻墊，乾旱後勢必要適應。很合理的可以推估它們有機會演化出耐乾旱的能力，最後成功登陸。換言之，早期的輪藻很可能就是陸生植物祖先。

　　一般來說，我們所說的植物是複雜的多細胞生物，也是陸生自營生物。陸生植物的祖先是水生的藻類（輪藻），在沼澤或湖濱可長成一大片的綠色藻墊。乾旱後如何適應呢？那就是演化出耐乾旱的能力，最後成功登陸而成陸生植物。約 4 億 7 千萬年前，苔蘚植物出現了。

　　早期的苔蘚植物算是最先演化出來的陸生植物，首先要面對的環境挑戰就是需要避免乾掉。以是，陸生植物在表面發展出防水的覆蓋層以防止水的流失。此覆蓋層稱為角質層（cuticle），是由蠟質所構成的。而氣體通過角質層通常是藉由氣孔（stomata）來控制。其次，藻類從水中吸收必須的礦物質，而登陸後這些所需的無機礦物質如氮、鉀、鈣、鎂、磷、硫等從哪裡來？當然來自土壤中。如何攝取？發展出根或莖扎入土壤中直接吸收。另外，最初出

現的陸生植物似乎與真菌發展出共生的關係。譬如說在有菌根的植物中，真菌協助植物吸收一些無機礦物質，而植物提供有機分子給真菌利用。

　　由於陸生植物不能移動，在陸上行有性生殖就是一種挑戰。為了克服重重困難，陸生植物演化出世代交替的生活史。許多藻類的生活史中，大部分時間為單倍體的細胞。而配子融合而成的合子往往是唯一的雙倍體細胞，且很快的進行減數分裂而再度形成單倍體的細胞。而早期陸生植物在生活史已然有明顯的改變。其合子的減數分裂延後進行。配子體（gametophyte）經由有絲分裂產生卵與精子細胞。卵與精子結合而成孢子體（sporophyte）世代的第一個雙倍體細胞合子。合子細胞進行有絲分裂，形成胚，然後發育成孢子體。孢子體可產生孢子囊，其中的孢子母細胞經由減數分裂而產生孢子。孢子為配子體世代的第一個單倍體細胞。隨後，孢子經由有絲分裂形成配子體。合子細胞分裂、形成胚、發育成孢子體，顯示了世代交替的生活史。由於形成胚，陸生植物又稱為有胚植物。世代交替有利於在陸上交配生殖，也促進了植物的後續演化。苔蘚植物這些原始植物以配子體居大，可看出往往是綠色葉片狀的配子體組織上長出小小的孢子體。後來演化出的植物如松柏類則以孢子體居大，其配子體常常是包覆於孢子體中。

　　最早的陸生植物中，地錢（hepatica）可說是最原始的一種。地錢在生命週期中主要是以配子體形態存在，通常是扁平無葉的葉狀體。地錢的綠色配子體通常很小，沒有清楚分化的莖與葉。

　　地錢與角蘚（hornworts）這些早期的陸生植物並沒有維管束結構，水分與養分的運送受到限制，所以體型小。角蘚的扁平的綠色植物體是單倍體配子體，其上長有角狀的孢子體，因而得名。多數

角蘚的孢子體具有真正的氣孔。地錢的孢子體並不行光合作用，而多數角蘚的孢子體可行光合作用。一般而言，地錢與角蘚是完全缺乏維管束系統。而苔蘚（mosses）則具有原始輸送系統。苔蘚是最早演化出分化的輸送細胞，可將水與養分運送到配子體的莖中。這些輸送細胞像似不堅硬的管子，無法支撐大結構，也無法將水送得很高。或許這些輸送細胞後續演化成維管束系統。無論如何，地錢門（Marchantiophyta）、角蘚植物門（Anthocerotophyta）以及苔蘚植物門（Bryophyte）是被歸類為無維管束植物。

約 4 億 2 千萬年前，具有維管束系統的植物出現了。最早的維管束植物化石是沒有葉片的莖系，有許多分支，頂端有孢子囊。換言之，維管束有可能較葉片更先演化出來。

維管束組織為成束的分化圓柱狀或長形細胞，所形成的管道可輸送水與養分。另外，維管束組織也有支撐效果，有利於植物的大型化。一般而言，維管束組織可分為木質部與韌皮部。木質部負責輸送水與溶於水中的礦物質，而韌皮部將碳水化合物運送至植物各處。

多數早期維管束植物似乎是在莖與根的頂端經由細胞分裂來生長。這種生長只會變長、變高，但不易變粗。這種生長稱為初級（一級）生長（primary growth），而且相當成功。在石炭紀時期，石松便是相當具有優勢的早期維管束植物。石松也是現存最古老的維管束植物，莖二叉分歧，葉極小，具單脈螺旋狀排列。也就是說石松已然演化出所謂的葉子。而蕨類則有了真正的葉子，所以也可歸屬於真葉植物。石松與蕨類還沒發展出種子，所以歸屬於無種子維管束植物。現今的蕨類包括生活於森林底層的典型蕨類、松葉蕨以及木蕨等。

　　蕨類的生活史應算是有了明顯的演化變異。苔蘚植物這類無維管束植物的絕大部分是配子體組織，孢子體往往長在配子體上。而蕨類則有配子體與孢子體兩種個體，各自獨立且能夠自營生活。蕨類的心形配子體通常是生長在潮濕的地方，假根從下表面長出。蕨類心形配子體的下表面有藏精器與藏卵器的構造。藏精器產生了精子細胞。釋放出來精子細胞藉由水中游泳至藏卵器口，進入並與卵結合而完成受精作用。卵與精子結合成合子，就是第一個雙倍體的孢子體細胞。合子在藏卵器中行有絲分裂，形成胚，發育長成孢子體，此為蕨類植株。蕨類孢子體的體型業已遠大於其配子體。多數蕨類配子體已有根莖，可在土中延伸。孢子體的大型葉子上有聚集成群的孢子囊堆。孢子囊內的細胞進行減數分裂而產生孢子。孢子就是配子體世代的第一個單倍體細胞。許多蕨類在釋放出孢子時，如同爆發般而可送至各處。這當然有利於擴展地盤。隨後，孢子萌發長成新的配子體。

　　石松在演化上，孢子體在生活史中已經占優勢。而蕨類孢子體的形態更是多樣化。譬如說木蕨形成了兩種直立莖，其一為綠色，可行光合作用。另一為淡棕色，頂端具有「毬果」狀的構造，可產生孢子。而松葉蕨沒有真正的葉子，也沒有真正的根。松葉蕨以假根來抓住地面，吸收則是藉由菌根的共生真菌的幫忙。也就是說松葉蕨以及木蕨的孢子體形態與典型蕨類大異其趣。

　　約 3 億 7 千萬年前，原始種子植物出現了。種子蕨（Pteridospermatophyta）為業已滅絕的早期裸子植物，始見於泥盆紀，在石炭紀到三疊紀時甚為興盛，於白堊紀滅絕。多數種子蕨具有像蕨類般的葉子，其莖與根有像蕨類般的維管束，但又有像蘇鐵般的形成層層的次級生長的木質部與韌皮部。換言之，種子蕨具有

蕨類植物與裸子植物二者的一些特徵。更重要的是種子蕨的生殖葉上長有花粉囊與種子。也就是說，種子蕨已演化出以種子進行繁殖的機制。

從蕨類胚發育過程來看，合子分裂生長到某程度，胚就裸露出來與外界接觸了，很容易受到傷害。以是，維管束植物演化出保護胚的構造：種子（seed）。種子的演化使得種子植物在陸上占據優勢。

種子植物的來臨使得維管束植物世代交替生活史中孢子體（雙倍體）占優勢情形達到高峰。種子植物產生了雄與雌兩種配子體，各自僅包含少數幾個細胞。這兩種配子體各自在孢子體內發育。雄配子體稱爲花粉粒（pollen grains），是由小孢子（microspores）發育而成。雌配子體是在胚珠（ovule）中，由大孢子（megaspores）發育而成，也就是卵。花粉粒可藉由各種方式傳送至胚珠，此過程稱爲授粉作用（pollination）。接著，花粉粒萌發，也就是裂開而發芽，通常形成含有精子細胞的花粉管，進入胚珠。最後，精子細胞傳送到卵，與之結合完成受精。受精後的胚珠發育成種子。我們可以說最具進步性的應該就是在授粉與受精過程，並不需有自然的水域。換言之，種子植物才是眞正克服了陸上嚴苛環境的植物。

種子有一層保護層，其內含有孢子體的胚，以及營養組織。大致說，種子特別適應在陸上生活。這可從如下幾個特點就可明白的。其一，種子有利於散播。這是最重要的一點。種子讓植物的下一代散播與遷徙至新棲地更爲方便。其二爲休眠，在不合適環境下，種子可維持休眠狀態。其三爲萌發。種子發育的再啓與環境因子有關，譬如說溫度、濕度或季節。第四爲營養。種子萌發以後，小苗的發育往往是由種子的原有的營養所提供。種子確實改善

了植物在多變的環境下成功生殖機會。

新近的分類上，種子植物包括已滅絕的種子蕨門（Pteridospermatophyta），現存的蘇鐵門（Cycadophyta）、銀杏門（Ginkgophyta）、買麻藤門（Gnetophyta）、松柏門（Pinophyta）以及被子植物門（Magnoliophyta）。其中，蘇鐵門、銀杏門、買麻藤門與松柏門屬於末端裸子植物（Acrogymnospermae）。

無疑的，所有的種子植物都源於同一祖先。起初，胚珠與種子是裸露的，所以稱爲裸子植物（gymnosperms）。在授粉時，胚珠並未完全被孢子體組織所包圍。後來演化而成的被子植物（angiosperms）的胚珠與種子是完全被孢子體組織所包圍的。在授粉時，被子植物的胚珠完全被包在花朵中的一個容器中，就是心皮（carpel）。受精後，胚珠在心皮的子房（overy）中發育成種子。以是，被子植物又稱爲開花植物。

現今的裸子植物有蘇鐵（Cycas revolute）、銀杏（Ginkgo biloba）、買麻藤類（Gnetales）以及松柏類。其中，俗稱鐵樹的蘇鐵可說是最早出現的，其化石記錄可以追溯到約 2 億 8 千萬年前。蘇鐵在侏羅紀時發展到最爲茂盛，之後逐漸衰退，現今僅餘約三百種。蘇鐵的典型特徵是莖粗壯，像蕨類般羽狀葉子集生於莖幹頂部，產生種子的毬果也長在莖幹頂部上。有時，蘇鐵看起來像被子植物中的棕櫚樹，很容易被人認錯。蘇鐵有雌雄之分，也就是爲雌雄異株的植物。銀杏化石最早約出現於 2 億 7 千萬年前，在侏羅紀以及白堊紀時最爲繁盛，之後逐漸衰落。現今，銀杏樹爲銀杏門唯一存活的成員。銀杏爲高大多枝的落葉喬木，具有挺拔的樹幹與獨特的扇形葉片。銀杏也是雌雄異株的植物。銀杏雌株的種子肉質外層會發出如腐敗奶油般的臭味，所以在西方並未受歡迎。但

在亞洲有些地方，銀杏種子被視爲高級食材。由於銀杏有抗空氣汙染的效果，在西方常以無性生殖方式來栽種雄株，以作爲行道樹。買麻藤類包括買麻藤（或稱尼藤）、麻黃以及百歲蘭。百歲蘭（Welwitschia mirabilis）又稱二葉樹，具有兩片帶狀的葉子，像一顆倒栽的植物。百歲蘭的兩片葉子極爲長壽，久而久之其葉片通常會碎裂成許多條狀物，可能讓人們無法看出原來是兩片葉子。買麻藤類也是雌雄異株的。

　　松柏類（Pinales）爲裸子植物中最常見的，包括松、柏、花旗松、冷杉、刺柏、貝殼杉、落葉松、雪松、紅木、紅杉、雲杉、鐵杉以及紅豆杉等。松柏類植物通常爲木質植物，且多數爲樹木，其葉子多數細長，呈針狀或鱗片狀。多數松柏類有強烈頂梢優勢的單軸生長形式，且易於聚集，通常會在其棲息地成爲優勢物種。細長的葉子可減少水分喪失，所以松柏類通常是常綠樹。雖說松柏長青，葉子多是常綠的，可以留在樹上二至四十年後才掉落，當然也不免有例外。譬如說落葉松、金錢松、水松、水杉以及落羽杉等就是落葉植物，會在秋天落葉。

　　多數的松柏類是雌雄同株的。松柏類會產生雌雄兩種毬果。相對個兒較小的雄毬果含有小孢子，會進而發育形成花粉粒。花粉粒就是雄配子體。大家所熟知的雌毬果明顯較大顆，其上長有許多鱗片。每個鱗片表面有兩個胚珠。胚珠中的大孢子進而發育而成卵，也就是雌配子體。松柏類的花粉粒相當輕小，通常藉由風力傳至雌毬果。大量的花粉粒總是有機會的，當一顆花粉粒落在雌毬果鱗片上的胚珠，接著萌發形成含有精子細胞的花粉管，進入胚珠。精子細胞傳送到卵，與之結合完成受精，形成合子。合子在胚珠中發育成胚，胚珠成熟後成爲種子。成熟的種子會脫離雌毬

果，或隨風飄散，或掉落地上。在適宜的條件下，種子萌發，長成幼苗，最後成爲新的植物孢子體。

約3億8千萬年前，維管束植物發展出新的生長模式：次級（二級）生長（secondary growth）。次級生長是在樹皮內進行細胞分裂，形成新的一圈細胞，如此使維管束植物的樹幹得以變粗，因而可以變得更高。演化出次級生長後，陸生植物的基本結構就比較完整了。多數陸生植物的基本架構就是根、莖、葉。

根、莖與葉算是陸生植物的主要器官，它們是由不同的分化組織所構成。多數維管束植物的主要組織有三。其一爲維管束組織，負責輸送水與養分。其二爲基本組織。維管束組織被包覆於基本組織之中。其三爲表皮組織，作爲保護層。此外，還有一些與生長有關的組織：分生組織（meristems）。分生組織爲未分化的細胞所組成的生長區，功能類似動物的幹細胞（stem cell）。初級生長通常是從頂端分生組織（apical meristems）的頂端開始的，有助於伸長。而加粗的次級生長與側生分生組織（lateral meristems）有關。側生分生組織有兩種。其一爲維管束形成層，可產生最終堆積成粗莖的次級木質部與韌皮部。其二爲木栓形成層，可長成木栓層。

根的構造比較簡單，通常位於土壤中以吸收水與礦物質。

莖爲許多植物的主要結構支撐，也是葉片伸展位置的支架。莖通常經歷初級與次級生長的過程。通常是由幼莖發展爲主莖（主幹）與側莖（側枝）。在主莖的初級生長中，葉子以嫩葉的雛型聚集於頂端分生組織周圍，然後隨莖本身的伸長而展開並生長。莖上長葉子的位置稱爲節。當葉子成熟時，在葉與莖的夾角處會發出芽。芽就是小而未分化的側莖。芽有自己的嫩葉，可能伸長而生長成側枝。在莖的次級生長中，在木質部與韌皮部之間會發育爲維

管束形成層。維管束形成層向外（樹皮方向）分裂的細胞會形成次級韌皮部；而向內（樹心方向）分裂的細胞會長成次級木質部。另一側生分生組織木栓形成層則在莖的外皮細胞發育形成。木栓形成層通常包括正在分裂的細胞，其方向看起來是向內。而已形成的木栓層為緊密排列的木栓細胞。木栓細胞在成熟後是死的細胞，外層會剝落。由木栓形成層所構成的組織系統組成周皮，是莖的保護層。所以由內至外，莖的橫切面構造通常依序為初級木質部、堆疊的次級木質部、維管束形成層、次級韌皮部、初級韌皮部、木栓形成層以及木栓層。

木栓覆蓋在成熟的莖表面。一般所謂的樹皮（bark）指的是維管束形成層以外的組織，所以包括韌皮部與周皮。去除樹皮的樹幹就是木材（wood）了。木材主要為堆疊的次級木質部，有些樹木的生長會因季節性而有所差異，於是乎有了年輪的特徵。樹木的年輪可推估其年齡。

次級生長使維管束植物的樹幹得以變粗、變高，以是有了喬木。喬木通常具單一主幹，主幹離地表有相當高度後才開始分支。成熟的喬木的高度通常高於五、六公尺。至於灌木，通常是沒有單一明顯主幹的木本植物，從接近地面處就開始叢生出枝幹。灌木植株一般比較喬木矮小，不會超過六公尺。

葉子算是莖上最為明顯的器官。莖與根的頂端分生組織在適當的條件下可無限的生長。然而，葉子是由邊緣分生組織（marginal meristems）所生長而成。當葉子完全展開後，邊緣分生組織就停止生長。維管束植物的葉脈包含了木質部與韌皮部，分布於整個葉片，以利輸送水與養分。葉子通常是植物行光合作用的主要地方，其外形也相當多樣化。葉子外型的演化多是為了適應環境。譬

如說針葉適於高山環境，而闊葉適於低海拔處。

　　或許大家最喜歡問的葉子問題就是：為什麼楓葉在秋天會變紅？許多葉子的葉片表面有一層保護用的角質層，可防止水分流失。陽光可透過這層透明的角質層。角質層所覆蓋的一層表皮細胞則也不太吸收光線。然而，中間的葉肉為含有許多葉綠體的一層層葉肉細胞。葉綠體含有許多色素可吸收太陽光以進行光合作用。一般而言，最主要的色素為葉綠素，可吸收藍光與紅光，所以顯現綠色。還有一些附屬色素如類胡蘿蔔素（carotenoids）可吸收紫光到藍綠光的波段。春夏之時，植物積極進行光合作用以生長，葉肉細胞富含葉綠素，以是葉子看起來就是綠色的。秋天了，落葉樹植物的生長慢下來了，葉片停止製造葉綠素。於是附屬色素的顏色如黃、橘、紅色便顯現出來了。

　　裸子植物借助風力或重力來授粉或散播種子，總有點亂槍打鳥的感覺。更為有效的授粉就是一種演化趨勢。於是乎被子植物約在1億6千萬年前出現了。被子植物藉由誘導昆蟲或其他動物來幫忙攜帶花粉粒，有效的將花粉從一個體傳到該物種的另一個體。協助授粉的工具就是被子植物的花，所以被子植物又稱開花植物或有花植物。

　　花也是被子植物的生殖器官。一朵花的基本結構包括四輪的構造，是長在稱為花托（receptacle）的基座上。最外輪為花萼，花的萼片（sepal），可算是保護花與花芽的特化葉子。第二輪為花瓣（petal），用來吸引特定的動物以傳粉。第三輪為花的雄蕊（stamen）。雄蕊為細長的花絲，頂端上長有花藥（anther）。花藥內含花粉。最內圈的第四輪為花的心皮（carpel）。傳統上所謂的雌蕊（pistil）為被子植物花中的心皮的總稱。現在植物學上，雌

蕊通常被稱為雌花器（gynoecium）。心皮為完全包覆胚珠的孢子體組織，典型的形似花瓶。胚珠可發育出卵，其為雌配子體。胚珠位於心皮下方的子房（ovary）中。子房上延伸出花柱（style），頂端為柱頭（stigma），用以接受花粉。

被子植物的主要演化重點就是如何誘導動物來幫忙攜帶花粉粒。如何吸引傳粉的動物？不外乎味道與顏色。譬如說蜜蜂是昆蟲類傳粉者中數量最多者。蜜蜂需要花蜜。蜜蜂先辨識味道，找尋蜜源，再注意花的顏色與形狀，以確認花蜜的所在。蜂媒花通常為黃色或藍色。一般而言，蜂媒花的花蜜在紫外線下是無所遁形的。而蜜蜂可看到紫外線，以是，蜜蜂便輕易的找到花蜜所在處。吸取了花蜜的蜜蜂沾上了花粉。當沾上花粉的蜜蜂造訪另外一朵同樣物種的花時，就有機會完成授粉。這種共同形成專一性傳粉過程是為共同演化（coevolution）。

共同演化的傳粉機制屢見不鮮。蝴蝶喜歡造訪天藍繡球花，因其有降落場可供蝴蝶停留探索。這類花具有典型的花管，其內含花蜜，蝴蝶可用捲曲的長口器吸取。有些夜間造訪花的蛾會被白色或淡色的花所吸引，這類花通常有濃郁的味道。藉由蒼蠅傳粉的花通常為淡棕色，而且具有臭味，例如蘿摩科植物。紅色的花一般不常被昆蟲所造訪，此因紅色並非多數昆蟲所能看到的明顯顏色。紅花的傳粉常為蜂鳥或太陽鳥。對這些鳥類而言，紅色是非常明顯的顏色。而鳥類的嗅覺並不發達，無法以味道定位。以是，紅花通常缺少濃郁的香味。另外，還有些被子植物如橡樹、樺樹以及禾草類又轉回以風力傳粉。以是，這些被子植物的花通常為小型，淡綠色，還沒什麼味道。無論如何，被子植物已成為現今最多樣化，且種類最多的植物。

　　被子植物除演化出花外，另一進展爲演化出雙重受精（double fertilization）以產生胚乳（endosperm）。此有助於後續種子與幼苗的發育，從被子植物的生活史可看出端倪。被子植物孢子體花中有雌、雄兩種配子體。雄蕊的花藥（通常有四個孢子囊）中有小孢子母細胞，其爲雙倍體（2n）。每個小孢子母細胞經減數分裂後形成四個小孢子，其爲單倍體（1n）。接著，孢子囊中的小孢子進行有絲分裂而形成花粉粒。花粉粒內含一個生殖細胞以及一個管核。生殖細胞將在未來授粉後形成兩個精子細胞。花粉粒就是雄配子體。胚珠位於心皮基部的子房中。每個胚珠中有一個大孢子母細胞（2n）。大孢子母細胞經減數分裂後形成四個大孢子（1n）。通常，有三個大孢子會瓦解而被胚珠所吸收。僅存的大孢子進行數次有絲分裂而產生八個核，並被包在胚囊中。最主要的核是一個卵細胞，位於靠近胚囊的開口處。有兩個核貼在卵細胞兩側，稱爲助細胞。也有兩個核位於卵細胞上方，是分開的單一細胞，稱爲核極。剩下的三個核貼近於胚囊上方，稱爲反足細胞。所以雌配子體就是含卵的胚囊。成熟的花藥釋放出花粉粒，傳到心皮的柱頭上。被黏附的花粉粒萌發，由管核長出花粉管（pollen tube），伸入花柱。而花粉粒內原來那一個生殖細胞分裂成兩個精子細胞。之後，花粉管持續生長，並到達子房的胚珠，來到了胚囊的入口。卵細胞兩側的助細胞退化，花粉管進入胚囊中，釋出兩個精子細胞。其一與卵結合，形成合子。另一與胚囊中央的兩個核極熔合成三倍體（3n）的初級胚乳核。被子植物的受精過程有兩個精子細胞參與，所以稱爲雙重受精。而初級胚乳核之後會發育成胚乳，以供應後續幼胚發育所需的營養。受精的卵，也就是合子，進行有絲分裂形成胚。被子植物的胚借助胚乳而發育成子葉，並後續分化成各

項植物所特有的組織系統如根莖。通常，在受精後到種子成熟之間所有發生的事件統稱爲發育。當胚珠最外的覆蓋層發育成種皮，胚胎周圍也已發育完整，代表種子成熟了。當種皮在胚胎的周圍完整發育之後，胚胎的大部分代謝就停止，也就是進入休眠狀態。成熟的種子約含 10% 的水分，此時，種子內的幼小植物體相當穩定。而子房往往長成了果實，以利散播。當散播至適宜棲地的種子遇到適合萌發（germination）的環境時，它會先吸水，然後種皮裂開，發芽，並以有氧代謝取代無氧代謝，最後長成成熟的植物孢子體。

在發育期間，被子植物的胚借助胚乳而發育成子葉。有些被子植物如豌豆或紅豆，它們的胚乳在種子成熟時就用完了。其營養儲存在厚實的子葉中。而有些被子植物如玉米的成熟種子還含有豐富的胚乳，可供種子萌發後利用。早期的被子植物的胚具有兩片子葉。具有兩片子葉者被稱爲雙子葉植物（dicots）。典型的雙子葉植物具有網狀脈的葉片，其花的各輪構造數目爲四或五的倍數。胚僅具有一片子葉的被子植物稱爲單子葉植物（monocots）。單子葉植物爲較晚演化出來的被子植物。典型的單子葉植物具有平行脈的葉片，而其花瓣數目爲三的倍數。禾草類是植物中數量最多者之一，還是以風力授粉的單子葉植物。此事件顯示演化方向總是遵循適應環境之所需。

在種子形成的過程中，花的子房也同步發育成果實。子房壁有獨特的三層，而可發育形成各種不同類型的果實如肉質類與乾硬類的果子。肉果有三類：漿果、核果以及仁果。葡萄與番茄爲典型的多種子漿果，其子房壁內層爲肉質。有些動物取食了這些漿果，未被動物消化系統所傷害的種子被當固體廢棄物排泄出來，如是，種子也就被傳播到其他棲地了。桃子、李子以及櫻桃爲典型的核

果，果實內層堅硬且緊貼著單一種子。蘋果與梨為典型的仁果，其子房壁內層為堅硬革質的膜，並包裹著種子。動物為什麼有好果子吃？那就是要幫被子植物播種罷了。至於乾果，它們的子房形成堅硬層。由於缺乏好吃的肉質部分，乾果往往具有有利傳播的構造。蒲公英的果實小而乾燥，且具有羽毛狀構造（冠毛），以是可隨風飄落至新棲地。楓樹的果實具有翅膀，也可被風攜帶。帶刺的倉耳可黏附在哺乳類動物的毛髮上而被攜帶至新棲地。風滾草植物如鉀豬毛菜由莖的基部折斷與根分離，利用草球在地上隨風滾動時傳播種子。另外，椰子可隨水流散播至各處。也就是說被子植物的果實通常特化成協助種子散播的構造。

在合適的條件下，種子萌發了。首先露出的是胚根。在雙子葉植物中，子葉隨莖部從地下突出。子葉提供幼苗發育所需營養後凋萎，第一片葉子開始進行光合作用而陸續成長。在雙子葉植物中，子葉並未從地下突出，而是由圍繞突出莖的芽鞘推出土表。所以子葉還在地下。胚乳供發育所需營養。當第一片葉子推出土表，露出後便開始進行光合作用。

花與果實是被子植物所成功演化出獨特的有性生殖方式，也因而成為陸上優勢植物。別忘了被子植物也可以進行無性生殖，此模式在現今農業扮演重要的角色。在無性生殖中，新個體從單一親代遺傳到所有的染色體。也就是說無性生殖產生了親代的複製體。一般而言，在穩定的環境中，無性生殖比較有利。此因無性生殖可維持原有成功的特徵，且所花的代價相對較小。無性生殖的常見模式為營養繁殖，或稱營養器官繁殖，新個體從親代的一部分複製而成。一般而言，大部分陸生植物均可進行無性生殖。植物的各個營養器官常有一定的再生能力，根、莖、葉都有機會用來進行無性生

殖。常見的營養繁殖有如下幾種：

(1)根芽（sucker）

有些植物如櫻桃、蘋果以及黑莓的根會產生根芽，可長成新植物體。

(2)走莖（runner）

有些植物如草莓可藉由走莖生殖。在其沿著土壤表面生長的細長莖的莖節處可產生不定根，伸入土壤中後可長成新植物體。

(3)根莖（rhizome）

根莖應可算是在地下的橫走莖，在節處可產生不定根或節芽而有機會長成新植物體。許多雜草便是利用在地下形成網絡的橫走莖來繁殖生長的，如此也造成對農作物的傷害。其他一些特化的地下莖可行無性生殖，還有儲存養分的功能。典型例子如馬鈴薯的塊莖，劍蘭的球莖，洋蔥的鱗莖。馬鈴薯就是可儲存養分的地下莖，其上的芽眼處可長成新植物體。

(4)不定芽體（adventitious plantlet）

有些植物的葉子也行無性生殖。落地生根的葉邊有一點一點的不定芽體。這種小芽體掉落地上會生根，抓地而生長。所以有落地生根之稱。另外，石蓮也可利用葉子來進行無性生殖。

以營養器官繁殖能夠保持某些植物的優良特徵，而且繁殖速度較快，所以被廣泛應用於植物的人工栽培。常被應用方法有分根、壓條、扦插以及嫁接等。

現存的植物約有 90% 為被子植物，包括許多的喬木、灌木、草本、禾草、蔬菜以及穀物等。

在被子植物的演化史中，雙子葉植物是先出現的，而單子葉植物是後來才出現的。所以單子葉植物是由雙子葉植物祖先所演化出

來的。然而，演化可能是交錯多變的，也就是多變數函數。有些早期的雙子葉植物有了些單子葉植物的特徵如花瓣數目爲三的倍數。而某些單子葉植物也有些雙子葉植物的特徵如網狀的葉脈。然而，典型的眞雙子葉植物（Eudicots）卻是在單子葉植物之後出現的。種子植物的系統發生學如圖 6 所示。從被子植物的種系發生學來看，單子葉植物爲單系群，眞雙子葉植物也是單系群，雙子葉植物爲並系群。我們可將眞雙子葉植物 以外的雙子葉植物當作是類雙子葉植物。

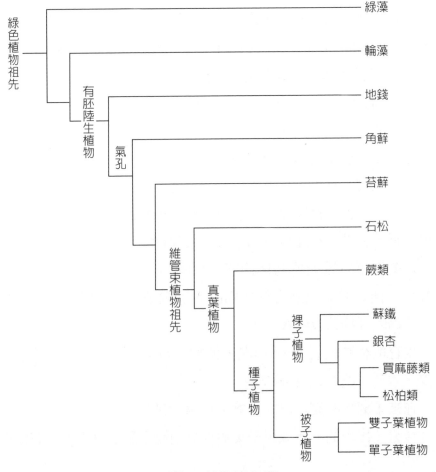

圖5　植物演化圖

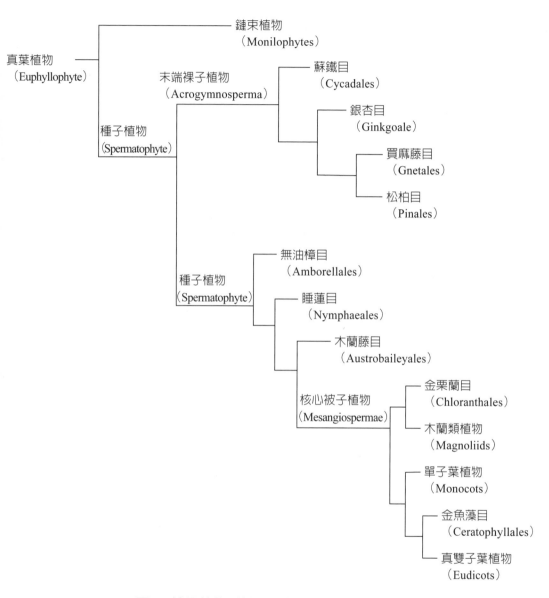

圖6　被子植物系統發生學（APG分類法）

16. 脊椎動物的演化

　　約 5 億 3 千萬年前，演化出脊索（notochord）的脊索動物
（chordates）出現了。已滅絕的皮卡蟲是最原始的一種脊索動物。
現存的文昌魚保留了皮卡蟲的某些特徵。脊索動物為具有眞體腔的
後口動物，還具有不同功能的內骨骼。原始脊索動物的主要特徵有
四。其一為堅實而有彈性的脊索主軸，肌肉連接於其上，容許更
爲快速的運動。其二為位於背部的中空神經索（nerve cord），身
體不同部位的神經附著其上。其三為口部後一些咽囊（pharyngeal
pouches），有些形成咽鰓裂。第四特徵為肛後尾（postanal tail），
肛門後延伸出尾部。

　　文昌魚是較為原始的脊索動物，其脊索延伸到背神經管的前
方，故名頭索動物。文昌魚並無眞正的頭部，所以又稱為無頭
類。頭索動物缺少獨立的呼吸系統以及專門的感覺器官。嗅球類
（olfactores）則進一步演化出特定的感覺器官，以是以嗅為其名。
被囊動物為嗅球類的一支。被囊動物的脊索與背神經管僅存於幼
體尾部，成體退化消失。其身體表面披有一層植物性纖維質的囊
包，因而得名。海鞘為代表性被囊動物。嗅球類的另一大分支為脊
椎動物。大多數脊索動物為脊椎動物。脊索動物門為動物界第三大
門，物種多樣性僅次於節肢動物門和軟體動物門。

　　約 5 億 2 千萬年前，演化出脊椎（vertebrae）的脊椎動物
（vertebrates）出現了。至今所發掘的最古老的脊椎動物為海口魚
（Haikouichthys）。海口魚已演化出原始脊椎骨和眼睛等重要頭部

感官，但仍然保留著無頭類的原始性器官。脊椎動物的兩大特徵爲脊椎與頭部。首先，脊索被背骨所包圍，然後在胚胎發育期被骨狀的脊柱所取代，而神經索被一疊脊椎所包住。脊椎是內骨骼，有軟骨也有硬骨。在動物成長時，這個骨架支持體型，以是，脊椎動物可以大型化。其次，脊椎動物通常具有明顯及分化良好的頭，具頭骨以及腦。所以牠們又被稱爲有頭類。

最原始的脊椎動物應是無顎的魚類，因其帶殼的皮膚而被稱爲甲胄魚。這些原始魚類具有由軟骨構成的內骨骼。這些無顎且無齒的魚類在水中蠕動，以鰓呼吸，但沒有鰭，由原始的尾部擺動推進。甲胄魚已滅絕，現今存活的無顎魚類包括盲鰻與八目鰻。

對於動物而言，獵食與運動顯然是演化的重要方向，魚類亦如是。已滅絕的盾皮魚（出現於 4.3 億年前的志留紀中期，滅絕於 3.59 億年前的泥盆紀末期）以及棘魚（出現於 4.3 億年前的志留紀中期，滅絕於 2.51 億年前的二疊紀末期）演化出了顎與成對的鰭。也就是說更善於游泳運動的有顎魚類出現了。原本的無顎魚的口是圓形的，由軟骨所加強的結構而使鰓裂打開，如是演化出了顎。所謂的顎爲口部上下部分的骨骼與肌肉組織，下顎就是俗稱的下巴。上下顎以及齒的配合有利於魚類的獵食。用咬的總比僅能吸的具有獵食上的優勢。已滅絕的甲胄魚是無鰭的，演化出鰭的盾皮魚顯然在水中游動上更具優勢。棘魚具有七對鰭，更善於游泳。

在水中游動的方式也是重要演化趨勢。棘魚後續演化成軟骨魚。現今的軟骨魚包括鯊魚、魟與鰩。魟與鰩算是扁平的鯊魚，其特色是底棲性，常棲身於海底。有些大型鯊魚爲濾食者，但大部分鯊魚口中有數排尖銳的堅硬牙齒，成爲強悍的獵食者。鯊魚還具有複雜的感覺系統使其適應於獵食生活。發達的嗅覺使其在遠處即可

偵測到獵物，而側線感覺系統使其可感受到海水的擾動，以是鯊魚成爲海中霸主之一。軟骨魚類的生殖已演化成魚類中最進步者。鯊魚的卵爲體內受精。有些軟骨魚的受精卵會排出，有些種類的受精卵則留在體內發育，再產下幼魚（胎生）。

約 4 億 2 千萬年前（志留紀晚期），硬骨魚出現了。陸地上的所有哺乳類動物、爬蟲類動物、兩棲類動物，水中的絕大部分魚類都演化自硬骨魚。

硬骨魚的骨骼多爲硬骨。由硬骨所構成的厚重內骨骼極爲強壯，提供了強而有力的肌肉可拉動的骨架。以是，在游動上硬骨魚有更佳的靈活度以及速度。硬骨魚還演化出鰾（swim bladder）。鰾是個可充氣的囊，控制氣量可改變浮力，所以這也是有助於游動的器官。多數硬骨魚的身體被硬鱗、圓鱗或櫛鱗所覆蓋，沒有鰓裂，覆有骨質鰓蓋。鰓蓋的伸屈讓硬骨魚可將水送至鰓。

硬骨魚包含輻鰭魚以及肉鰭魚。輻鰭魚的魚鰭僅含有骨狀鰭條作爲支架，並沒有肌肉。所以輻鰭魚的魚鰭必須藉由體內的肌肉才能運動。現今絕大多數的魚類爲輻鰭魚。在肉鰭魚中，魚鰭則有很多的肌肉，其中還包含以關節相接的骨頭。每個肉鰭末端有鰭條，肉鰭的肌肉可控制鰭條的運動。現今的肉鰭魚雖然稀少，顯然的，早期的肉鰭魚似乎演化出四足動物，也就是兩棲類動物的祖先。

約在 3 億 9 千萬年前的泥盆紀開始，某些具有肺一般結構的肉鰭魚類曾嘗試登陸。到了石炭紀，有些爬上陸地了。那就是原始兩棲類。雖然原始兩棲類約於 1 億 2 千年前滅絕，但其後代陸續演化成重要的陸生動物。現存的兩棲類動物都是三疊紀以後才出現的。

兩棲類動物因有幾項演化特色而能登陸成功。首先要有腳才能

在陸上輕易運動生活。肉鰭魚的魚鰭有很多的肌肉，形成瓣狀，以關節相接的骨頭支撐，末端有鰭條。泥盆紀晚期的提塔利克魚化石的前鰭擁有類似手臂的骨骼結構（包括肩膀、肘及腕），但末梢更像肉鰭魚鰭條。古生物學家認為牠是魚類及早期四足動物之間的物種。而原始兩棲類如魚石螈的四肢的骨骼排列與肉鰭魚及提塔利克魚極為類似，只是位置有所移動，且有骨狀趾。簡言之，原始兩棲類的腳應該就是從肉鰭魚的魚鰭演化而來的。

其次，陸上的呼吸已無法使用鰓，此因魚鰓的精細結構需要水的浮力來支持，因此，肺是必需的。為了適應陸上呼吸，似乎早有屬於肉鰭魚的肺魚類（約 4 億年前）出現。肺魚平時用鰓呼吸，在水乾涸時可用鰾當作肺來呼吸。大部分的兩棲類動物具有一對肺，但其內部表面尚未臻完善。所以兩棲類動物還需要透過皮膚來呼吸，以補足肺的功能，皮膚也常要維持潮濕以利呼吸。兩棲類動物還具有兩條肺靜脈，將充氧血液送回心臟。在陸上運動的肌肉需要較大量的氧氣。兩棲類動物的心臟已然演化出分開的腔室，以免來自肺的充氧血液與其他部位回到心臟的無氧血液混合。然而其分隔尚不完整，仍會有些混合，後續的物種在此方向的演化將更臻完善。

現今存活的兩棲綱包含三目。無尾目如青蛙、蟾蜍，成體緊實、無尾，其後肢特化為跳躍。有尾目如蠑螈的身體細長，具長尾，其四肢與身體成直角。無足目如蚓螈的體型像蛇類。其四肢業已退化，尾巴小到幾乎沒有。現今的兩棲類動物的生殖模式類似於其祖先原始兩棲類。產在水中的受精卵孵化成水棲，具有鰓的幼蟲（譬如說青蛙的蝌蚪）。水棲的幼蟲最後成長變態成用肺呼吸的成體。

　　約 3 億 2 千萬年前（石炭紀晚期），原始爬蟲類動物出現了。兩棲類還需在水中生活一段時間，而爬蟲類已然完全登陸了，成了貨眞價實的陸生動物。

　　兩棲類未能完全登陸而適應陸上生活的主因爲兩棲類的卵必須產在水中以免乾掉。於是，爬蟲類演化出羊膜以適應陸地生活。不透水的羊膜卵提供了多層保護以免乾掉。爬蟲類的羊膜卵通常有四層。圍繞著胚胎的膜爲羊膜；卵黃囊含有卵黃，提供胚胎發育所需的營養；尿囊有助於排泄廢物；最外層爲絨毛層。其保護作用明確。此外，爬蟲類的皮膚乾燥，表皮有一層鱗片或胄甲覆蓋其上以免喪失水分。爬蟲類用胸部呼吸，藉由展開與收縮肋骨架而將空氣吸入再壓出。以是提升了呼吸能力。之外，爬蟲類的腳能更有效的支撐體重，有利於身體的大型化與跑動。於是，爬蟲類取代兩棲類成爲陸上的優勢脊椎動物。

　　原始爬蟲類包括劍龍、暴龍、翼龍、蛇頸龍、魚龍等業已滅絕。然而，巨型原始爬蟲類化石明確指出其演化過程。現存的爬蟲類包括了龜、蛇、蜥蜴、鱷以及喙頭蜥。

　　約 1 億 5 千萬年前，原始鳥類出現了。根據化石記錄，我們可以確定鳥類是從恐龍演化出來的，也是目前恐龍總目中唯一存活下來的物種。原始鳥類如始祖鳥的身體具有鳥類與爬蟲類共有的一些特徵：有牙齒；前肢（翅膀）有指爪等。而更早期的化石如中華龍鳥與孔子鳥則更像是有羽毛的恐龍。始祖鳥之後幾百萬年期間，多樣的鳥類演化完成，已具有許多現代鳥類的特徵。白堊紀時多種鳥類與翼龍共同在空中翱翔了 7 千萬年。翼龍已滅絕，而鳥類存活。

　　鳥類的最主要特徵就是羽毛。羽毛是從爬蟲類的鱗片衍生而來的。羽毛有兩項功能，協助飛行以及保暖。鳥類的骨骼已然演化成

更適於飛行。其骨骼薄而空心，骨架堅固。鳥類是內溫性的，維持較高的體溫使代謝較快，如此可滿足飛行時所需的巨大能量。鳥類的呼吸系統相當特別，牠們用氣囊行雙重呼吸。氣囊分布於全身各處骨骼內。鳥類呼吸時氣體交換的基本單元不是肺泡而是微氣管。吸氣時空氣經微氣管從體外進入氣囊，進行第一次氣體交換，呼氣時氣體經微氣管從氣囊排出體外，進行第二次氣體交換。因此鳥類每呼吸一次，氣體交換了兩次，氣體交換效率較高。氣囊也使浮力增高而有利於飛行。

鳥類為兩足，前肢業已演化為翅膀。牠們具有堅硬的喙，但沒有牙齒。為了彌補缺少牙齒的劣勢，鳥類具有嗉囊以及砂囊。嗉囊有儲存部份食物的功能；而鳥類會吞食砂石，利用砂囊磨碎食物以取代牙齒及口腔咀嚼功能。鳥類為卵生，所產下的羊膜卵仍保留爬蟲類的特徵，但外殼非常硬。現今的鳥類以其絕佳的飛行能力而成為空中的優勢動物。

約 2 億年前（三疊紀晚期），早期的哺乳類動物與恐龍幾乎同期出現了。哺乳類應是演化自原始爬蟲類。最早的哺乳類動物係由似哺乳爬行類中的獸孔目演化而來。原始爬蟲類的多塊骨頭構成的下顎演變成單塊牙骨，牙齒也從單一外形演變成依在口腔內位置而定的多種形狀；而頰骨弓變得更為發達，以利咀嚼；身體骨骼變得輕盈靈活，四肢直立。這是所謂的合弓類（固定的顳弓），或稱似哺乳爬行類。化石資料顯示合弓類出現於石炭紀晚期（約 3 億 8 千萬年前），但在三疊紀以後漸趨絕滅。哺乳類動物就是合弓類的後代。侏儸紀時，恐龍為陸上霸主，哺乳類為小型夜行性食蟲動物。白堊紀時，有袋及有胎盤的哺乳類出現。之後，恐龍式微，哺乳類動物快速演化，於 4 千萬年前出現大多數的物種。第四紀冰河

期讓一些大型哺乳動物滅絕。如今，哺乳類動物已成陸上優勢動物之一。

哺乳類有三項關鍵特徵。其一爲乳腺。雌性哺乳類有乳腺，可產生乳汁以哺育幼兒。其二爲毛髮。毛髮的最初功能在於保溫，有助於在惡劣環境下存活。其三爲中耳。由錘骨、砧骨、鐙骨等三塊骨頭組成的中耳骨（聽小骨）有助於聽覺。

現今的哺乳類爲溫血動物。除了毛髮的保溫效果外，四腔室的心臟提供有效的血液循環，橫膈提供更爲有效的呼吸，讓新陳代謝率提高而可恆溫。哺乳類爲異齒型，其牙齒可高度特化以配合特殊的取食習慣。譬如說狗的長犬齒適合於咬食，而馬的扁平門牙適合於切斷整口植物。多數哺乳類的雌性將幼小胚胎放在子宮中發育，藉由胎盤供給養分，再產下幼兒。胎盤是羊膜卵中的膜所演化來的。羊膜圍繞著胚胎，卵黃囊變小，尿囊演化成臍帶，絨毛層形成胎盤的大部分。有些哺乳類如馬、牛、羊等演化出蹄，以利於奔跑。牛與羊還演化出角，以利於爭鬥。

哺乳類是動物界裡多樣化程度最高的一類。牠們的身體結構依生存環境的需求而高度特化。譬如說最大的藍鯨有一百五十噸，最小的凹臉蝠僅有二克。牠們的外形也是千奇百怪。現今的哺乳類有產卵的哺乳類（單孔類）如鴨嘴獸，有袋的哺乳類（有袋類）以及具胎盤的哺乳類。人類所屬的靈長目就是具胎盤的哺乳類。

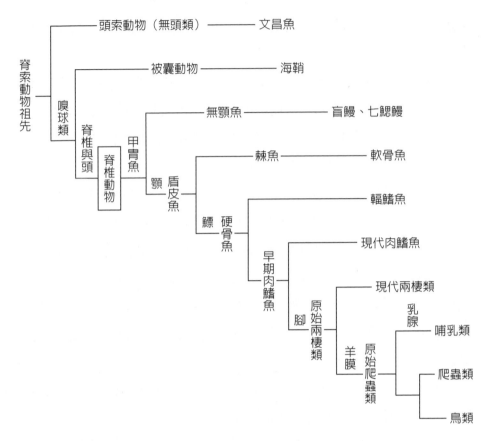

圖7　脊椎動物演化圖

17. 動物的結構與一些特徵

　　動物的演化也約略可從其胚體的發育過程可看出端倪。從單細胞到多細胞，從分化的胚層到特化的不同類型的細胞，進而形成組織、器官以及系統，在在都顯示了演化的軌跡。

　　脊椎動物在發育的初期，先形成了三種基本細胞層：內胚層、中胚層以及外胚層。接著，各胚層細胞再特化成超過 100 種的各型細胞。一些相關的細胞可形成的特定的組織。生物學家將成體的組織（tissues）歸類為四項：上皮組織（epithelial tissue）、結締組織（connective tissue）、肌肉組織（muscle tissue）以及神經組織（nerve tissue）。

　　上皮組織的主體為上皮細胞，主要是保護著所覆蓋的部位或內襯組織。體表的上皮細胞（如皮膚）是由外胚層（ectoderm）所發育而來的。體腔所襯的細胞則發育自中胚層（mesoderm）。消化道（腸道）的內襯細胞由內胚層（endoderm）發育而來。三種胚層都衍生出上皮細胞。即使胚胎的起源不同，所有上皮細胞在形式與功能上大致類似，所以統稱為上皮（epithelium）。其意為功能取向往往是演化的重要趨勢。上皮組織除了保護著內襯組織外，還可提供感覺表面，或者分泌物質。有些感覺器官是變相的上皮細胞所形成的，而許多分泌腺體就是衍生自一團上皮細胞。

　　上皮組織有兩種類型，其一為簡單的單層上皮（simple epithelium），其二為層化的多層上皮（stratified epithelium）。體內主要腔室的內膜為僅有一層細胞的單層上皮，通常是單層扁平上

皮細胞，像地磚般或鱗狀的排成。腺體的上皮有立方狀或柱狀的排成，以利分泌物與吸收。皮膚是典型的多層上皮。呼吸道上的上皮則爲假多層上皮（pseudostratified epithelium），其上密布有纖毛。也就是說上皮組織具有廣泛的功能：選擇性擴散、吸收或分泌、物理性保護以及阻隔。

結締組織的細胞衍生自中胚層，有些是緊密排列著，有些卻是分開獨立的。然而，結締組織細胞之間都有豐富的細胞外基質物質，於是歸類在一起。結締組織的細胞可分爲三類。其一爲主司防禦的免疫細胞。其二爲血液及脂肪細胞，主要功能分別爲運輸及儲存。第三爲骨骼系統的細胞，主要用來形成支撐身體的結構。

免疫細胞包括血液中的白血球以及淋巴系統中的淋巴細胞。血液中的紅血球專司運送氧氣與二氧化碳，而脂肪細胞所形成的脂肪組織用來儲存能量與物質。分開的血球與脂肪組織看起來確實大不相同，但都屬於結締組織。

骨骼系統主要有三種結締組織：纖維結締組織、軟骨以及硬骨。其中，纖維結締組織的特徵細胞爲成纖維細胞（fibroblast），可分泌出纖維蛋白或結構蛋白。纖維結締組織是最常見且功能廣泛的結締組織。疏鬆結締組織（蜂窩組織）就是常見的纖維結締組織，結構鬆散，主要功能爲支持、提供營養給上皮組織，連結上皮組織與肌肉組織。連結就是結締組織的原意。肌腱、肌肉外鞘以及真皮等爲緻密排列的纖維結締組織，可提供強壯的連結。而韌帶與大動脈等爲具高度彈性的纖維結締組織。軟骨具有彈性，可提供減震與降低磨擦的功效。軟骨爲胚胎早期的主要支架成分，但逐漸爲硬骨所取代。成體的軟骨組織分布於椎間盤、膝蓋與關節、耳朵、鼻子以及氣管環等部位。當然，軟骨動物與軟骨魚的骨骼爲軟

骨。硬骨組織與軟骨最明顯不同之處為在膠原蛋白覆上磷酸鈣鹽而成堅固組織。硬骨的建構有如玻璃纖維複合材料。磷酸鈣鹽類如氫氧磷灰石（hydroxyapatite）形成針狀結晶，提供了堅硬性，而被具彈性的膠原蛋白纖維所圍繞，於是形成了堅韌組織。

至於骨頭，實際上是種動態組織。骨頭看起來很堅硬是因為其外層為非常緻密且緊實的緻密骨（compact bone）。骨頭內部為較鬆散的格子狀結構，稱為海綿骨（spongy bone）。海綿骨中的骨髓為造血的地方。骨頭有兩種細胞負責動態重整骨骼。其中，成骨細胞（osteoblasts）負責堆積骨骼，而破骨細胞（osteoclasts）分泌酵素以消化骨骼，並釋放出鈣離子以維持血鈣濃度。

脊椎動物具有三種不同類型的肌肉細胞：平滑肌（smooth muscle）、骨骼肌（skeletal muscle）以及心肌（cardiac muscle）細胞。肌肉細胞的特徵為細胞中的收縮蛋白纖維。這種纖維稱為肌絲（myofilaments），是由肌動蛋白（actin）與肌凝蛋白（myosin）所構成。在平滑肌中，肌絲是疏鬆的組合，所以平滑肌是非橫紋肌的肌肉組織。平滑肌的伸縮源自神經或激素的刺激。所以平滑肌為不隨意肌，受自主神經的支配，也接受內分泌系統的間接控制。平滑肌主要分布於動靜脈血管管壁、消化道、呼吸道以及泌尿道等的外壁。

在骨骼肌與心肌中，肌絲聚集成束，形成肌微纖維（myofibrils）。每束肌微纖維含數千條肌絲。許多肌微纖維排列整齊成肌肉纖維（muscle fiber）。在顯微鏡下可看到橫向條帶，所以骨骼肌與心肌通常稱為橫紋肌。脊椎動物的骨骼肌以相當強的力量拉扯骨頭，使其可以靈活運動。骨骼肌為隨意肌，其收縮運動受人的意識所支配。

　　心肌雖爲橫紋肌，但與骨骼肌有所不同。譬如說心肌無再生能力，而骨骼肌則可。心肌屬於不隨意肌。構成心臟的心肌爲高度連結的細胞，可促進啓動訊息的快速傳播。自律心肌細胞具有自律性。所以離體的心臟往往仍表現出自律的舒張收縮活動。心肌細胞主要分布於心壁上，但臨心大血管上也有心肌的分布。

　　神經組織由兩種細胞所構成：傳遞神經衝動的神經元（neurons）以及支持用的神經膠細胞（glial cells）。神經元具有高度特化的細胞結構，其細胞膜富含選擇性離子通道，容許一波波電荷活動傳導，作爲神經衝動。神經元包括三個部分。其一爲包含細胞核的細胞本體。其二爲從細胞本體向外突出的樹突（dendrites），其作用類似觸角，可從其他細胞或感覺系統將神經衝動帶至細胞本體。第三爲單一延伸的軸突（axon）。軸突可將神經衝動攜離細胞本體。所以神經元攜帶神經衝動，也就是電荷訊息。其傳遞方向由起始點樹突到細胞本體，再傳經軸突全長，最後將訊息傳給鄰近細胞。至於神經膠細胞，其主要功能爲提供神經元營養、支撐以及絕緣保護。

　　由各種不同的組織組合成具有特定功能的結構單元者爲器官（organs）。譬如說心臟是一個控制血液流動的器官，由心肌組織構成主體，由結締組織所包覆，還有許多神經連接其上以控制心肌的收縮與舒張。

　　器官系統（organ system）爲一群器官與相關組織一起分工合作，以執行特定的重要功能。脊椎動物的成體包含 11 種主要的器官系統。

　　骨骼系統保護身體，提供移動、運動所需的支持。骨骼系統的主要組成有頭顱骨、骨頭、軟骨以及韌帶。

肌肉系統主司運動。其主要組成爲平滑肌、骨骼肌以及心肌。

消化系統的主要組成有口、食道、胃、腸、肝臟以及胰臟。

循環系統爲身體的輸送系統，運送氧氣、養分、各種物質與廢棄物質。循環系統的主要組成爲心臟，血管以及血液。

呼吸系統職司氣體交換，主要就是攝取氧氣並排出二氧化碳。水生脊椎動物的主要呼吸器官爲鰓，陸生者爲肺。呼吸系統就是由主要呼吸器官與氣管及相關氣體通道所構成。

泌尿系統負責從血液中移除代謝廢物。哺乳動物的泌尿系統由腎臟、膀胱以及相關管道所構成。

神經系統負責協調控制身體的活動。其主要組成爲神經，感覺器官、大腦以及脊髓。

免疫系統包括白血球、淋巴細胞等免疫細胞、抗體以及淋巴循環。其中，淋巴系統的淋巴結、扁桃腺、胸腺以及脾臟爲富含免疫細胞的部位。

內分泌系統藉由釋出荷爾蒙以調控身體的活動。內分泌系統的重要組成有腦垂體、松果腺、甲狀腺、腎上腺，以及一些無管的腺體。

生殖系統負責進行生殖。哺乳動物的生殖爲有性生殖。雄性生殖系統的主要組成爲睪丸與相關的生殖構造，而雌性生殖系統的主要組成爲卵巢，子宮與相關的生殖構造。

皮膚系統覆蓋且保護著身體。哺乳動物皮膚的主要組成爲皮膚、毛髮、指甲以及汗腺。

18. 人類的演化

　　約 6 千 5 百萬年前，一群小型樹居的食蟲哺乳類演化出蝙蝠、樹棲鼩鼱以及靈長類，而原始靈長類就是人類的祖先。最早的靈長類演化出兩項特徵：抓取用的手指與腳趾；雙眼視力。靈長類具有抓取用的手足，可抓握的四肢在樹枝懸盪甚為方便。靈長類的眼睛向前移至臉的前面，如此產生重疊的視野，可讓大腦更為正確判斷距離。所以原始靈長類很成功的適應樹上生活。

　　約 4 千萬年前，原始靈長類分為兩群：原猴（prosimians）與類人猿（anthropoids）。現今仍存活的原猴有狐猴、懶猴以及眼鏡猴等。類人猿包括猴子、人猿與人類。一般而言，類人猿應是在非洲演化而成的，直接的後代就是猴子，也就是所謂的舊大陸猴。現今的舊大陸猴有樹棲的，也有地上活動的物種，其臉型如狗，且沒有可纏繞的尾巴。3 千萬年前，有些類人猿遷徙至南美洲，其後代為所謂的新大陸猴。新大陸猴為樹棲，具有扁平展開的鼻子，牠們可用能纏繞的尾巴來抓東西。

　　約 2 千 5 百萬年前，類人（hominoids）是由舊大陸猴祖先演化而成的。類人包括人猿（apes）與原人（hominids）。現今的人猿包括長臂猿、紅毛猩猩、大猩猩、黑猩猩。以古鑑今是歷史的明律，而在生命演化史上，借今溯古也是不得不然的手段。早期的物種多已滅絕。以是，能夠保留下來的證據可說是鳳毛鱗爪。我們通常是從現今的物種去追溯演化史。事情大概是這樣子的：舊大陸猴祖先演化成長臂猿與類人祖先，之後陸續演化成紅毛猩猩祖先，

大猩猩祖先，黑猩猩祖先。黑猩猩的 DNA 與人類相當接近，約 98.6% 是相同的，也就是說黑猩猩與人類的親緣相當接近。於是，我們推估人類的祖先原人是演化自黑猩猩祖先。大致說，約 7 百萬年前，黑猩猩祖先演化成原人。

人猿是沒有尾巴的。這與有尾巴的猴子形成明顯的區別。當然，人猿的尾巴是退化掉的，因應的是比猴子更大的大腦。而從人猿演化至原人，最為明顯者大概就是運動模式了。黑猩猩用四肢行走，而原人已用二足走路，是直立行走的。黑猩猩的手臂較雙腳長，以指關節行走，也就是以手指背支撐體重。原人的手臂較雙腳短，且不用於行走，骨架已然有異於人猿。

最近的分類可作為參考。約 1 千 7 百萬年前，人科（Hominidae，人類、黑猩猩、倭黑猩猩、大猩猩、猩猩）從長臂猿科的祖先中分離出來。約 1250 萬年前，人亞科（Homininae，人類、黑猩猩、倭黑猩猩、大猩猩）從猩猩亞科的祖先中分離出來。約 1 千萬年前，人族（Hominini，人屬、南方猿人、黑猩猩、倭黑猩猩）從大猩猩族的祖先中分離出來。約 7 百萬年前，人亞族（Hominina，人屬）從黑猩猩亞族的祖先中分離出來。約 280 萬年前，人屬（Homo，人類）物種出現。約 250 萬年前，巧人（Homo habilis）出現。約 190 萬年前，直立人（Homo erectus）在非洲出現。約 150 萬年前，匠人（Homo ergaster）出現。約 90 萬年前，前人（Homo antecessor）出現。約 60 萬年前，海德堡人（Homo heidelbergensis）出現。約 20 萬年前，晚期智人（Homo sapiens sapiens）出現。約 17 萬年前，智人（Homo sapiens）的共同祖先出現。約 13 萬年前，尼安德塔人（Homo neanderthalensis）出現。海德堡人早已於約 10 萬年前滅絕，尼安德塔人則於約 2 萬 5 千年

前滅絕。智人爲現今唯一存活的人屬物種。

　　約 5 百到 1 千萬年前，地球氣候轉涼，非洲的大森林多被草原以及開闊林地所取代。新種的人猿因應此氣候變遷而演化形成。少了樹，只好用走的，就形成了二足的種類。這些新種的人猿被稱爲原人。南方猿人屬（Australopithecus）就是早期的原人。這些南方猿人身材矮小（約 1.2 公尺高），腦容量小，約現代人的 35%。二足與直立行走標示了原人的演化起點，而腦容量大增的時間約在 2 百萬年前。此事件顯示直立行走應是促成了原人腦容量增大的重要因素。

　　約 280 萬年前，早期人類（人屬，Homo）在非洲從南方猿人演化出來。腦容量增大似乎是早期人類的一個演化趨勢。南方猿人的腦容量約 400～550 毫升，巧人（Homo habilis）可能是最早的人類，其腦容量約 680 毫升。巧人意謂巧手之人，會使用器具。約 190 萬年前出現的盧多爾夫人（Homo rudolfensis）則有更大的腦容量（約 750 毫升）。而某些巧人發展出更大的腦子，可製作更進步的石器，還會使用火，這些早期人類被稱爲直立人（Homo erectus）。直立人中有一分支爲匠人（Homo ergaster），在約 150 萬年前出現。匠人的腦容量（約 1,000 毫升）比盧多爾夫人更大，且體型更像現代人。化石證據顯示直立人是在非洲演化而成的，並從非洲遷徙擴展至歐洲與亞洲（包括中國及爪哇島）。爪哇人（Homo erectus erectus）是最先被發現的直立人化石，北京人（Homo erectus pekinensis）也是直立人，與爪哇人屬於同一物種。直立人的腦容量約 1,000 毫升，是非常成功的物種，存活時間可能超過 140 萬年。所以直立人有時間遷徙至非洲以外的地區，我們有個有趣的稱呼：遠離非洲。這些適應力極佳的直立人約於 50 萬年

前在非洲消失，而現代人種出現。

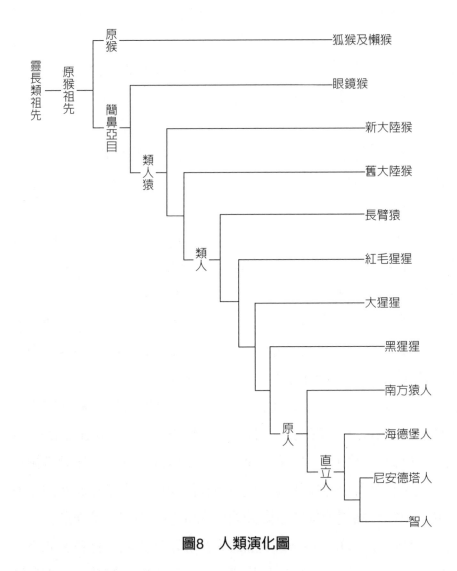

圖8　人類演化圖

　　約 50 萬年前，現代人在非洲出現。海德堡人（Homo heidelbergensis）算是一種最古老的現代人。其最早化石在衣索匹亞被發現，而在歐洲發現化石年齡顯然較晚。推估海德堡人也是從

非洲擴展至歐洲與亞洲西部，應未達亞洲東部。海德堡人約於 10 萬年前滅絕。約 13 至 20 萬年前，歐亞地區的海德堡人衍生出新人種：尼安德塔人（Homo neanderthalensis）出現。海德堡人早已於約 10 萬年前滅絕。約 7 萬年前，尼安德塔人在歐亞地區很普遍。我們的物種，智人（Homo sapiens）也是在非洲演化而成的。智人的最古老化石來自衣索匹亞，約 13 萬歲。證據顯示智人應該也是在非洲演化而後遷徙至歐洲與亞洲。尼安德塔人則於約 2 萬 5 千年前滅絕。智人為現今唯一存活的人屬物種。

19. 動物消化系統的演化

　　異營生物需要食物才得以生存。如何處理食物以供利用？那就是消化。單細胞生物往往藉由吞噬作用獲取食物，然後在細胞內以消化酵素分解食物顆粒。最爲原始的動物海綿也是在細胞內消化食物的，但在攝食方面已有顯著的進化。海綿的內腔排列了許多襟細胞（choanocytes），或稱領細胞。襟細胞的鞭毛顫動可將水吸入其領口內，行攝食與細胞內消化的作用。

　　眞菌與大部分動物則在細胞外消化食物。眞菌可分泌消化酵素於個體外以分解食物，所需的養分再吸收入細胞內。多數動物演化出消化腔而能更爲有效的消化食物。最先發展出來的消化腔應該是只有單一開口的消化道。刺絲胞動物（如水螅）與扁形動物（如渦蟲）的消化腔只有一個開口，算是雙向的消化道。以人類的眼光來看，食物從口部攝入，又從此開口排泄出廢物，那是相當噁心的。更重要的是這種雙向的消化過程顯然比較沒有效率。於是乎有口與肛門的單向消化道發展出來。最原始的單向消化道僅僅是簡單的管狀腸道，譬如說線蟲（圓形動物）的管狀腸道僅是內襯了一層皮膜。蚯蚓（環節動物）的消化道已特化成不同區域，分別負責攝食（口、咽）、儲存（嗉囊）、細碎化（砂囊）、消化及吸收（腸）以及排泄（肛門）。後續的演化方向明顯的是功能導向。像蠑螈（兩棲類）的消化道已發展出了食道、胃、肝、胰、腸等不同功能的部位與輔助器官。

　　許多脊椎動物與人類已然演化出相當有效而搭配完善的消化

系統。何以說搭配完善？那就是充分分工合作，並且有合適的管控。以人類爲例，看到好吃的食物會流口水。此因唾液就是含有消化酵素的消化液。感覺與神經系統得到食物的訊息就通知了唾腺分泌唾液。吃進東西後，咀嚼過程中唾液中的澱粉分解酵素將澱粉分解成麥芽糖。食物吃起來有甜味也讓大腦得到某些層次的滿足感。我們說食物是越嚼越有味概略就是這現象。總之，消化系統的分工是很明顯的。物理性的消化如咀嚼與砂囊的研磨是將食物細碎化，以利後續的化學性消化。化學性的消化則由特化的腺體與器官分泌特定的消化酵素，將食物的大分子分解成可吸收的小分子如單醣、胺基酸、脂肪酸。化學性消化的產物通過腸道的上皮內襯，進入血液，這就是所謂的吸收。食物中不能被吸收的成分就從肛門排泄而出。分工合作也使消化系統的演化往往是整體性的。譬如說沒有牙齒的鳥類有砂囊，而有牙齒的哺乳類沒有砂囊。

先來看一下脊椎動物的牙齒演化。最早的脊椎動物應是無顎且無齒的魚類，僅能吞食。對於動物而言，獵食顯然是演化的一項重要方向。用咬的總比僅能吸食的具有獵食上的優勢，於是乎有顎與齒的魚類演化出來了。魚類與爬蟲類的牙齒形狀爲類似的，係爲同型齒列。演化列車到了哺乳類，牙齒特化成不同的類型，也就是異型齒列。其中，門牙用以咬與刺，虎牙用以撕開食物，前臼齒以及臼齒則用來壓平與磨碎食物。這種異型齒列的模式會因不同哺乳類的食物或飲食而有不同的發展。在吃肉的肉食性哺乳類中，虎牙相當發達，以利撕裂獵物。此外，前臼齒與臼齒較像刀片，較尖銳的稜角適合於切與剪。肉食性哺乳類通常將食物撕成碎片，並不太需要仔細咀嚼，此因其消化酵素足以消化動物細胞。草食性哺乳類如牛及馬就不一樣了。植物是有細胞壁的，也富含纖維素，在化學性

消化之前宜先磨成粉。所以草食性哺乳類的門牙相當發達，以利切斷草或其他植物。虎牙就退化了。前臼齒以及臼齒則是大型、扁的牙齒，適於研磨。人類是雜食性動物，所以人的前排牙齒偏向肉食性動物，而後排牙齒類似草食性動物。那麼，沒有牙齒的鳥類呢？那就要利用砂囊協助消化了。

有人會想到，演化到人類階段的消化系統是否為最完善者？答案並非肯定的。演化是一種過程，基本上就是適應者保留或存活下來。譬如說人的消化系統無法消化纖維素，所以人不吃草，但可摘果子吃。人的消化系統從口腔到肛門間包括了約十二種器官，各司其職以有效消化食物並吸收營養。口腔內有三對唾液腺：腮腺、頜下腺及舌下腺，可分泌唾液。唾液中的唾液澱粉酶可將澱粉分解成麥芽糖。所以澱粉類食物是越嚼越甜。唾液可濡濕食物，以利吞嚥。食物嚼碎以後，由吞嚥經過咽、食道而到達胃裡。胃以賁門連接食道，以幽門連接十二指腸。賁門括約肌放鬆時，食物從食道到達胃裡。食物通過後，賁門括約肌就會收縮，防止胃裡的食物回流到食道。胃會分泌胃液，並藉由蠕動將食物與胃液攪拌、混合，進行初步的消化作用，最後成為半流質的食糜。食糜在幽門瓣的控制下慢慢的離開胃部。幽門括約肌每一收縮，就會將一小部分食糜送往十二指腸。胃的黏膜上有兩種腺體細胞：主細胞及壁細胞。主細胞分泌胃蛋白酶原（pepsinogen）。壁細胞會分泌鹽酸，黏液及促進維他命 B_{12} 吸收的因子。這兩種細胞所製造出來的分泌液統稱為胃液。胃蛋白酶原在鹽酸的作用下可活化成胃蛋白酶（pepsin），可將蛋白質分解成較小分子。胃也有少許的吸收功能。

在脊椎動物的消化系統演化史中，胃的演化似乎是相當多樣性的。鳥類的牙齒退化，但保留砂囊。而有牙齒的哺乳類便不用砂囊

了。動物大都缺乏消化纖維素的酵素，而有些微生物卻可分解纖維素。於是乎有些草食性動物演化出與微生物共生的機制以消化纖維素。反芻動物如牛、羊、鹿等發展出具有分隔為四腔室的胃。其中，瘤胃最大，可容納許多食物，並借助一些微生物（有細菌、古菌、原生生物）將纖維素分解消化成不同的簡單化合物。瘤胃還有另一功能：反芻。危急時，反芻動物吞下大量食物可立即逃跑，待危機解除後，再吐出食物咀嚼以利消化。反芻後的食物被吞入，進入蜂巢胃，經重瓣胃到皺胃。功能上，只有皺胃相當於人類的胃，在其中，食物與胃液混合。瘤胃的存在使反芻動物在消化纖維素上更為有效率。

然而，有些非反芻的草食性動物如囓齒類、兔類中，以微生物消化纖維素則發生於盲腸。牠們藉由吃下自己所排出的糞便以吸收微生物分解所產生的營養。此過程稱為食糞行為。所以光是為了配合微生物消化纖維素，腸胃的演化有顯著的不同。因為蟲子比較容易消化，食蟲動物的腸胃簡單，腸道短而沒有盲腸。肉食性動物的腸道短，但有小的盲腸。非反芻的草食性動物具有大型盲腸，胃的構造簡單。反芻動物也有盲腸，但胃的構造有四腔室。至於人類也有盲腸，其為大腸的第一段，似乎沒有利用微生物消化纖維素。必須澄清的是，一般所謂的盲腸炎是連接於盲腸的小管子闌尾發炎了。

回到人類的消化系統。胃消化後的酸性食糜經由幽門括約肌的控制來到了十二指腸。胰臟會分泌鹼性的胰液（含碳酸氫鹽）由胰管送入十二指腸，將食糜的強酸中和。腸子也會分泌鹼性的腸液，也有中和胃酸的效果。胰臟也是製造許多消化酵素的輔助器官。胰臟所分泌的酵素包括分解蛋白質的胰蛋白酶及胰凝乳蛋白酶

及胜肽酶、分解澱粉與肝醣的胰澱粉酶、分解脂肪的脂肪酶、分解核酸的核酸酶等。當然，胰臟還可分泌胰島素以調節血糖濃度，是極為重要的器官。另一輔助的消化器官為肝臟，其所分泌的膽汁儲存於膽囊，再由膽管送入十二指腸。膽汁可協助消化脂肪。肝臟還有合成、儲存、篩選異物、解毒與排毒的功能。從十二指腸到進入大腸前約有六公尺，是為小腸。小腸壁會分泌一些酵素，加上來自於胰臟與肝臟的分泌液，以是，小腸成為主要消化吸收之處。各種蛋白酶將蛋白質分解成胺基酸，澱粉酶與蔗糖酶將碳水化合物分解成單醣，藉由膽汁之助，脂肪酶將脂肪分解成脂肪酸與甘油，而核酸酶將核酸類分解成可吸收的小分子。然後，這些小分子的營養便由腸壁的絨毛所吸收。從盲腸到直腸是為大腸。大腸會吸收一些水分，但主要用來儲存未被消化之物與纖維素。最後，食物的殘渣從肛門排掉。

提到纖維素，人類顯然沒有利用微生物來消化纖維素。然而，人類的腸道裡棲息著眾多的微生物（約一百兆個細菌，可能有上百種）。所以與微生物共生也是演化的趨勢。有些細菌如乳酸菌所製造出的乳酸，對鈣質的吸收有所幫助，還有促進腸蠕動，以促進排便。還有一些細菌可製造某些維他命 B、維他命 K 等營養素。這些對人體有益的細菌常稱為益生菌。而有一些細菌會製造出對人體有害的毒素，是為有害細菌。膳食纖維有助於益生菌的繁殖，進而抑制有害細菌的成長。所以人類也必須攝食富含纖維素的植物性食物，那也應是適應環境所演化出來的結果。

20. 動物循環系統的演化

　　動物從腸子所吸收的營養就要靠循環系統送到身體各處。當然，循環系統也是因需求而陸續演化出來的。原核生物與單細胞真核生物中，氧氣、養分以及廢物可直接藉由擴散來進行輸送或交換。多細胞動物開始演化出以體腔來增大擴散的效果。海綿是濾食者，已有體腔的雛形。刺絲胞動物（如水螅）與扁形動物（如渦蟲）具有單一開口的消化腔。其細胞有的直接暴露於外界環境，有的暴露於體腔，可以利用擴散的方式交換物質。此種構造兼具消化與循環的功能，或稱為消化循環腔。渦蟲的消化循環腔又有所演進，主腔分出許多分支，可將物質傳送到更廣的地方。然而，具有多層細胞組織的較大動物就會面臨輸送問題：許多細胞離體表及消化腔太遠了。於是乎更為特化的循環系統演化出來了。除了運輸營養、氧氣、二氧化碳、廢物、內分泌荷爾蒙以外，循環系統的演化還搭配了調節與免疫系統。

　　循環系統有兩種類型：開放式與閉鎖式。開放式循環系統（open circulatory system）或許是先演化出來的。只要能將體液輸送至各處的，開放式循環系統還是可行的。節肢動物與許多軟體動物仍維持開放式循環系統。其循環液體（血液）與組織細胞外液體並沒甚麼區別，又稱為血淋巴（hemolymph）。以昆蟲為例，其循環系統以具有肌肉的管道作為心臟，可推送血淋巴通過一端開放的管道網路，將管內物質送至各腔室。之後，血淋巴再從心臟管道的孔回到循環系統。

在封閉式循環系統（close circulatory system）中，循環的液體（血液）一直被封閉在血管（blood vessels）中。至於血液的循環，通常是靠著有幫浦功能的心臟來達成。環節動物與脊椎動物已演進到封閉式循環系統。環節動物（如蚯蚓）的循環系統相當簡略。其一段背血管可規律性的收縮，功能就像心臟。背血管收縮時將血液經由五個小型血管（也稱爲側心）推向腹血管。其間一些小血管分支提供營養供應、氧氣交換、廢棄物攜離事項。最後，血液流回背血管心臟，完成循環。至於脊椎動物的循環系統就更爲分工與進步了。脊椎動物的血管形成管狀網絡，在心臟的推動之下可讓血液流到所有的地方（器官、組織、細胞）。此血管網絡包括動脈（arteries）、微血管（capillaries）以及靜脈（veins）。血液由心臟流入動脈，經微血管，再由靜脈流回心臟。當血液流經微血管時，血壓迫使部分液體流出微血管壁。所形成的組織間隙液（interstitial fluid）中，有些會回到微血管內，而有些會進入血管周圍結締組織的淋巴管（lymph vessels）。淋巴管內的淋巴液會在特殊的位置重新流回靜脈中。換言之，脊椎動物已陸續演進出極爲精緻的循環系統。

脊椎動物的祖先脊索動物與現今的文昌魚類似，應該是具有簡單的管狀心臟。魚類的鰓需要更爲有效的心臟以提升氧氣交換效率。以是，魚類的心臟演進成具有四腔室依序排列的結構，看起來像是形狀複雜的管子。魚類心臟動作是從靜脈竇（sinus venosus）開始收縮的，接著依序是心房（atrium）、心室（ventricle）與動脈圓錐（conus arteriosus）。魚類心臟與其鰓呼吸器配合良好。從心臟打出的血液先流到鰓，經氧氣交換後血液充滿氧（充氧血）。充氧血從鰓流經動脈與微血管網絡而送達身體各部位。接著，低氧

含量的血液（缺氧血）由靜脈流回心臟。然而，血液通過鰓的微血管時，血壓會喪失。以是，由鰓流經身體各部位的循環速度相當緩慢。

登上陸地的兩棲類與爬蟲類動物已然可用肺來呼吸。而在陸上運動的肌肉需要更大量的氧氣，於是乎兩棲類與爬蟲類動物的心臟演化出分開的腔室，並改善了循環模式以提升氧氣交換效率。以青蛙為例，其心臟有兩個心房，但僅有一個心室。右心房的缺氧血經由心室與肺動脈被推送至肺臟，經氧氣交換後，充氧血並不直接進入全身組織，而是由肺靜脈流至心臟。與魚類相較，這多了一個在心臟與肺臟之間的循環：肺循環（pulmonary circulation）。而充氧血由肺臟經肺靜脈流回左心房。左心房的充氧血經由心室與動脈被推送至身體各部位。在微血管網絡交換各項成分後，缺氧血由靜脈流回右心房。這是心臟與身體其他部位之間的循環：體循環（systemic circulation）。肺循環的出現意味著氧氣利用效率的提升。僅有一個心室的兩棲類類動物難免充氧血與無氧血的混合，但逐漸演進出隔離機制。譬如說運用一些瓣膜限定血液流向，就可減少混合現象。爬蟲類動物的心臟也是有兩個心房及一個心室，但其心室顯然已發展出以隔膜局部分開的機制。如此大幅降低混合現象。譬如說鱷魚心室的分隔是完整，可算是有兩個心室了。所以鱷魚有了完全分開的肺循環與體循環。爬蟲類動物循環系統的另一改變為動脈圓錐已經融入離開心臟的大型動脈血管壁上。換言之，原本魚類的靜脈竇與動脈圓錐在陸生動物的演化進程已然陸續退化。

哺乳類與鳥類顯然演化出更為有效的心臟，並形成了完全分開的雙循環系統。因為效率高，足夠支持高代謝率，使得哺乳類與鳥類成為溫血動物。哺乳類與鳥類的心臟為四腔室，是真正兩個分開

的幫浦系統在心臟中共同運行。右心房的缺氧血流進右心室，然後經過肺動脈流至肺臟。經氧氣交換後，充氧血由肺靜脈流回左心房。此爲肺循環。左心房的充氧血流至左心室，經大動脈、各個動脈、微血管網絡而流到身體各部位。在微血管網絡交換各項成分後，缺氧血由靜脈流回右心房。這是體循環。

　　人類的循環系統已然相當完備。心血管系統（cardiovascular system）搭配淋巴系統（lymphatic system）讓循環系統除運輸外，還有調節以及保護的功能。心血管系統由心臟、血管以及血液所構成。心臟的跳動是由電子訊號所律動的。魚類心跳的起始在於靜脈寶。人類的心臟中，靜脈寶已退化成殘留在右心房壁上的組織，稱爲寶房結（sinoatrial）。而人類心臟的收縮是被寶房結所啓動。此事件顯示演化常常遵循原來的模式而進展的。心臟的收縮是一系列綿密協調的肌肉收縮。由寶房結所啓動，心房收縮，隨後心室收縮，如此造成有規律節奏的電子訊息。以感測器測量記錄此規律的電子訊息就是的所謂的心電圖。來自肺臟的充氧血從肺靜脈進入清空的左心房。左心房與左心室間有大型、單向的瓣膜（閥），二尖瓣（bicuspid valve），可控制流進的血液約 70% 流入左心室。當心臟開始收縮時，左心房先收縮，將剩下的 30% 血液打進左心室。然後，左心室收縮，二尖瓣關閉，血液通過大動脈半月瓣（aortic semilunar valve）流入大動脈（aorta）。充氧血經大動脈、各個動脈、微血管網絡而流到身體各部位。氧氣用掉後，缺氧血由靜脈流回右心房。肺循環的過程與體循環類似。血液從右心房經三尖瓣（tricuspid valve）流至右心室。右心室收縮，三尖瓣關閉，血液通過肺動脈半月瓣（pulmonary semilunar valve）流入肺動脈（pulmonary arteries）。缺氧血流至肺臟，經氧氣交換後，充氧

血由肺靜脈流回左心房。這種雙循環系統在各種瓣膜的輔助之下運作得相當有效。

　　人類的血液包括溶液態的血漿以及血球細胞。血球包括紅血球，白血球與血小板。血小板以相當複雜的凝血機制控制血液的凝結，以防止傷口繼續出血。白血球有多種類型，與免疫防禦系統有關。紅血球富含血紅素，主要功能在於運送氧氣與二氧化碳。血紅素還有一個功能：抓住與釋放一氧化氮以調控血流及血壓。血紅素攜帶一氧化氮而構成特殊的結構：超級一氧化氮。在組織中，血紅素釋出氧氣，吸收二氧化碳，也釋出一氧化氮。一氧化氮可使周圍的肌肉放鬆而導致血管擴張，進而增加血液流進組織。另外，血紅素抓住多餘的一氧化氮後，降低血液中一氧化氮含量，便會造成血管收縮而降低血液流進組織。至於血漿則含有各種不同的物質，譬如說營養素（葡萄糖、胺基酸、維他命、分散的油脂等），代謝物質及廢棄物、荷爾蒙、鹽類以及離子、各種蛋白質等。由血液的組成可看出心血管系統的主要功能。其一為運輸。搭配消化系統，循環系統運送所消化的營養到身體各處。循環系統搭配了呼吸系統運送所需的氧氣至身體組織細胞，並將細胞所產生的二氧化碳運送至肺部排出。循環系統也運送代謝廢棄物至特定器官系統處理後排出，譬如說在泌尿系統的腎臟過濾後以尿液排出。循環系統還可攜帶內分泌腺所產生的荷爾蒙到標的器官組織，然後調節其作用。其二為調節。高效率的循環系統使人類這樣的哺乳類動物可保持恆溫。此外，人類還可利用血管的收縮、擴張來調節體溫。氣溫暖和時，淺層的血管擴張，可提升輻射效率而加速散熱。天氣寒冷時，淺層的血管壓縮以將溫血送至深層血管中。如此散熱就變慢了。循環系統的第三個功能在於保護與防禦。凝血機制讓血管損壞

時血液不至於過度流失。血液中的白血球與免疫蛋白（如抗體）可協助身體對抗外敵如病毒或微生物。

　　為了交換物質，心血管系統是易漏的，液體很容易從微血管漏出。每天約有超過一半的液體從心血管系統漏出。大部分液體藉由滲透回到微血管。人體還採用淋巴系統來回收這些液體。淋巴系統包括淋巴管、微淋巴管、淋巴結以及淋巴器官（胸腺及脾臟），也是布滿全身。過量的間隙液可從微淋巴管的開放端進入淋巴管。淋巴管具有一系列的單向瓣膜，在身體肌肉運動的擠壓下，淋巴液體逐漸朝向頸部方向移動。最後，淋巴匯集到兩條大型淋巴管，經由單向瓣膜匯入頸部下方的靜脈之中。淋巴系統除回收間隙液外，還有三種其他功能。其一為將蛋白質回傳至心血管系統。其二為運送從小腸所吸收的脂質。小腸內襯的指狀突起絨毛內的微淋巴管（乳糜管）可吸收被消化的脂質，然後由淋巴系統運送至心血管系統。其三為協助身體防禦。沿著淋巴管，有著膨大的淋巴結。其內充滿著具免疫功能的白血球。以是，淋巴系統攜帶微生物到淋巴結及脾臟加以瓦解。淋巴系統是免疫系統中極為重要的一環。

動物呼吸系統的演化

在能源利用效率上，以葡萄糖為例，糖解作用的無氧程序僅能得到 2 個 ATP，而在粒線體的有氧程序可得約 34 個 ATP。以是，現今大部分真核生物都擁有粒線體。整體來看，動物就是利用氧氣將食物氧化成二氧化碳與水，以獲取能量。換言之，氧氣的運用是動物的一個重要的演化方向。對動物而言，吸收氧氣並釋放出二氧化碳的過程稱為呼吸（respiration）。

多數原生生物在水環境中可直接由擴散取得氧氣。海綿，刺絲胞動物，多數扁形動物與圓形動物，還有一些環形動物都藉由擴散獲得氧氣。當然，二氧化碳的釋出也是利用擴散。也就是說原始動物的呼吸是藉由體表或消化腔表層直接由擴散來進行氣體交換。這種氣體交換模式甚至在一些演化出呼吸器官的動物還持續維持著。譬如說有些兩棲類動物（如青蛙）的氣體交換也可利用擴散通過其潮濕的皮膚來完成。或著說，這些兩棲類動物還可利用潮濕的皮膚來呼吸。

陸生節肢動物並沒發展出更進一步的主要呼吸器官，但其氣管（tracheae）所構成的網絡可進行氣體交換。氣管有氣門（spiracles）可打開或關閉，以控制體外氣體的流入。氣管可分支成更細的管子，以將氣體帶到身體各處。換言之，氣管網絡就是陸生節肢動物的呼吸之處。

一些海生無脊椎動物如軟體動物、節肢動物以及棘皮動物已演化出特殊的呼吸器官，鰓（gill）。其目的之一就在於增加氣體擴

散的表面積，以取得更多的氧氣。鰓的基礎是一種薄層組織，如此可讓氣體擴散表面積增大。所以鰓被一層很薄而通透性的膜所包繞。血液在內部血管或腔隙間面流動。鰓的位置不定。蠕蟲與蟹的鰓在肢體上，貝殼動物的鰓在外套腔中，魚的鰓在鰓裂。爲了增加與水的接觸面積，鰓的形狀有櫛狀、葉狀、樹狀以及叢狀。起初的鰓結構比較簡單，譬如說棘皮動物的乳突。而後越來越有效率，魚鰓可算是水中最爲優化的呼吸器官。最爲進步的魚鰓的鰓絲通常是由許多薄膜板堆疊而成。這些薄膜板爲具有微血管的鰓瓣，設計上使血液流向與水流方向剛好相反，也就是逆向流（countercurrent flow）。逆向流的設計使得氧氣交換更爲有效。通常，魚讓水從嘴巴流入，通過鰓後再從裂縫流出，所以水總是單向流過鰓的。以氧氣交換效率來看，魚鰓是所有呼吸器官中效率最高者。然而，鰓絲的結構是仰賴水的支撐，離開水後鰓會塌陷。所以離開水的魚類通常會窒息而死。陸上的呼吸已無法使用鰓，想要登陸，就要進一步演化。譬如說肺魚平時用鰓呼吸，在水乾涸時可用鰾當作肺來呼吸。陸生動物呼吸系統的演化方向之一就是肺。

兩棲類具有一對肺，基本上就是大型的氣囊，其內部表面尚未臻完善。所以兩棲類還需要透過皮膚來呼吸，以補肺功能的不足。其皮膚常要維持潮濕以利呼吸。完全登陸的爬蟲類較兩棲類更爲活躍，需要更多的氧氣。所以爬蟲類的肺臟具有較大的表面積。哺乳類爲溫血動物，需要更高的代謝速率而較爬蟲類需要更多的氧氣。其肺臟因應之而演化出肺泡的結構。越多越小的肺泡代表的是可擴散的表面積越大。譬如說人類的一葉肺臟約有 80 平方公尺，約爲身體表面積的四十多倍。

鳥類飛行時所需的氧氣又遠高於哺乳類。而哺乳類的囊狀肺臟

在肺泡發展起來幾乎到了極限。於是乎鳥類發展出更為高效的呼吸系統：借助兩個氣囊形成交叉流（crosscurrent flow）以提升氧氣交換效率。鳥類的呼吸系統是由氣管、前氣囊、肺臟以及後氣囊所構成。其呼吸有兩次循環。第一次循環中，吸入含氧空氣進入後氣囊，呼氣時後氣囊氣體進入肺臟進行氧氣交換。在第二次循環中，吸氣時肺臟氣體進入前氣囊，呼氣時前氣囊少氧空氣由氣管呼出。以是，空氣經過肺臟的路徑總是同一方向。而肺臟微血管血液流動方向與空氣流動方向約略垂直（呈 90 度排列），也就是交叉流。其氧氣交換效率雖不如魚鰓的逆向流，但較哺乳類肺臟高得多。此事件說明演化趨勢不見得朝最有效者，往往是較適應者留存。也就是說人類的呼吸系統並非最有效的，但似乎相當好用。

人類的呼吸系統雖然不如鳥類那麼有效，但在陸上棲地還是適應得很好。人類的兩片肺葉位於胸腔。兩片肺各有樹枝狀的支氣管，然後連接到氣管，再向上連通到嘴巴處對外開放。通常，空氣由鼻孔進入鼻腔，冷乾空氣可在此被潤濕與增溫。鼻毛與鼻腔纖毛可濾掉一些灰塵。空氣通過口腔後，經由咽（食物與空氣的共同通道）、喉後再到氣管。空氣在喉嚨會跨過食物路徑，有一個特殊的瓣膜，會厭，在吞嚥食物的時候會蓋住氣管，以免東西跑進氣管而嗆到。由此事件驗證了：瓣膜（閥）可說是動物演化史中最為美妙的一環。心血管系統如是，呼吸系統亦如是。通過了氣管，空氣經由分支的左右支氣管，許多支氣管分支而抵達微支氣管，最後到肺泡進行氣體交換。至於呼吸，那是由包覆肺臟的胸腔底部的橫膈（diaphragm）與肋骨肌肉所控制的。當肌肉收縮時，胸腔向下、向外擴大，如此增大了胸腔以及肺臟的體積，空氣就被吸入。當肌肉放鬆時，橫膈與肋骨回到原來的休息位置。如此，肺臟的體積縮

小，肺內氣壓變大，空氣變被呼出。

　　空氣到了肺泡，氧氣藉由擴散進入微血管，然後由循環系統將之運送到全身各處。運送氧氣時，紅血球中的血紅素（hemoglobin）扮演關鍵腳色。富含血紅素的紅血球可有效的運送氧氣與二氧化碳。有趣的是的某些細菌與厭氧寄生蟲也具有血紅素，能夠與氧緊密結號合。這些物種並不需要運送氧氣，所以那些血紅素的目的並非演化出來運送氧氣的。如果呼應這些物種的厭氧祖先在約 25 億年前所面對的大氧化屠殺環境，很容易聯想到那些血紅素的目的是爲了保護生命的。演化有趣的地方總是在於選用手頭所擁有的東西，後續血紅素的功能就是陸續演化出來的。在人類的肺臟中，肺泡微血管充氧後，血紅素分子滿載著氧。到了組織中，二氧化碳的存在有助於血紅素卸載氧氣。二氧化碳可與血紅素的另一部位結合，此導致血紅素構型改變，如此使氧氣易於從血紅素分子釋出。所以血紅素也可協助運送二氧化碳。另外，血紅素也能抓住或釋放一氧化氮，以調節血流中一氧化氮的含量，並進一步的使血管收縮或擴張。如此可以調節血液流入組織的流量。組織吸納氧進行代謝後，副產物二氧化碳成爲必須排掉的廢物。紅血球可吸收二氧化碳，血漿也會溶解一些。所以二氧化碳也是由循環系統從各處組織運送至肺臟，再由呼吸系統排出。

泌尿系統的演化

　　動物演化的一個趨勢為複雜化兼具有效化。所以由各種分化的細胞所構成的組織、器官或系統很明確的能夠各司其職。想要讓分化細胞維持有效的功能，動物已然逐漸演化出內在環境的恆定性（homeostasis）。這也就是讓體內的細胞外狀態維持在特定範圍內以利於細胞執行其功能。譬如說人的體溫維持在 37℃，為的是多數人體內酵素的最適化溫度為 37～40℃。前已提及循環系統的一個重要功能為調節。所以在血液中許多物質也需要維持恆定性。譬如說人體血液中葡萄糖濃度是利用胰島素來調節的。而人體正常的血中鈣質含量為每公升 9～11 毫克（9～11 mg/L），血鈉質為135～147 mg/L。跟這些離子恆定性直接相關的重要系統為泌尿系統。

　　生命起源於水中，所以生物都會面臨一個現實的挑戰：體內的水含量。水含量太低，生物可能死亡。而水含量太高，身體可能被撐破。動物發展出各種滲透調節（osmoregulation）的方式以維持含水量。常見的一種方式就是血液中某成分的滲透濃度維持在狹窄的範圍內。為了因應水平衡，許多動物，甚至一些單細胞生物就將從身體移除水或鹽的功能與移除代謝廢棄物的排泄系統相配合。這也相當合理，排泄廢物時順便控制水平衡。原生生物草履蟲與海綿細胞演化出收縮泡（contractile vacuoles）來達成此目的。水以及代謝廢棄物經由內質網收集，再匯集至收縮泡。累積至適度量，收縮泡收縮，水以及代謝廢棄物便被從孔洞釋出。

　　一些原始多細胞動物已然演化出由排泄小管所構成的系統，可算是原始的泌尿系統。渦蟲（扁形動物）的排泄小管左右兩套分布全身，這分枝狀的腎原小管是由燈泡狀的焰細胞（flame cells）與排泄孔所構成。腎原小管沒有對內的開口，但焰細胞可將體液抽進來，然後流進一條收集管。吸收可用的成分之後，剩餘的液體從排泄孔排掉。其他無脊椎動物進一步的發展為腎管（nephridia），為對內也有開口的系統。蚯蚓（環節動物）的腎管從體腔接收體液，過濾大的分子後，濾液進入漏斗狀構造的腎孔。鹽分可從這些小管再吸收，剩下來的液體就是尿液，最後從尿液排泄孔排出。脊椎動物則演化出了腎臟（kidneys）。腎臟藉由血壓之助在壓力下過濾血液。腎臟已是相當複雜的器官，主要由眾多（百萬級）的腎元（nephrons）所構成。在血壓的驅動下，血液流經腎元頂端的微血管網，也就是腎小球。腎小球過濾了血液，留住血液細胞、蛋白質與一些有用的大分子。濾液進入腎元小管，一些有用的小分子包括葡萄糖、胺基酸、維他命等會從小管被再吸收到血液裡。廢棄物與濾液形成了尿液，最後排出體外。另一演化方向就是在腎元小管的選擇性再吸收。不同脊椎動物所再吸收的分子不一，對其適應環境有特別的價值。其中重要的關鍵就是水平衡的解決對策。

　　原始海水魚腎臟的濾液進入腎元小管，尿液的滲透濃度與血液相當。也就是尿液與體液濃度相當，也與海水容易達水平衡。何謂滲透濃度？在一半透膜兩邊的濃度不等時，原本溶質應由高濃度擴散到低濃度因溶質無法透過，只有溶劑通過以稀釋高濃度那一邊，如此形成一滲透壓以達平衡。所有可促成滲透壓的溶質的總有效濃度就是滲透濃度。當一邊的滲透濃度較高，另一邊的溶劑就會跑過來。溶劑為水，當兩邊的滲透濃度相當，就形成水平衡。當

魚類遷徙到淡水的環境，就會面臨水平衡的問題。淡水硬骨魚先出現了新的演化。由於淡水硬骨魚的體液濃度高於四周的淡水，濃度差異造成水會從環境進入體內，而溶質有離開體內而跑到環境中的趨勢。因應之道有二：其一為淡水硬骨魚不喝水，水從口進入但僅經過鰓而不吞嚥；其二為排出大量稀釋的尿液。進入腎元小管的濾液藉由主動再吸收氯化鈉離子回到血液中，使得尿液的鹽濃度很低。如此可達水平衡。此外，淡水硬骨魚還主動運輸氯化鈉到鰓，使周圍的水可以進入血液。

　　海生硬骨魚可能是從其淡水硬骨魚祖先演化而來的。當牠們轉回海水環境生活時，所面臨的問題就是體液滲透濃度較周遭環境為低，所以流經鰓的水使體內水易於流失，尿液也容易喪失水分。為了補償水分持續流失，海生硬骨魚飲用大量海水。進入消化道的海水中有許多鈣、鎂離子（Ca^{2+}、Mg^{2+}）就被吸收進入血液。鈣、鎂離子被主動運送至鰓，如此可減少體內水流失。而且這些鈣、鎂離子也被分泌進入腎小管，以是尿液與體液滲透濃度相當，與海水容易達水平衡。所以海生硬骨魚的腎臟已然有了新發展，腎小管主動分泌鈣、鎂離子，排出小量含鈣、鎂離子與尿素的尿液。

　　軟骨魚如鯊魚因應水平衡問題的對策又不一樣了。鯊魚的腎小管主動再吸收尿液，並維持血液中高尿素含量（約哺乳類的 100 倍）。高尿素含量使鯊魚血液的滲透濃度與海水相當，所以牠們不需飲用海水就可維持滲透平衡。那麼，高濃度尿素有沒傷害呢？因應之道為板鰓亞綱（鯊魚、魟魚、鰩）的組織搭配酵素已演化成為可以耐受高濃度尿素，所以是無傷害的。

　　兩棲類的腎臟與淡水硬骨魚類似，也形成很稀的尿液。爬蟲類依其生存環境對水平衡問題有不同的因應策略。棲地屬於淡水區

域的爬蟲類的腎臟與兩棲類或淡水硬骨魚類似。海生爬蟲類如海龜、海蛇則有類似於海生硬骨魚的腎臟。牠們飲用海水，排出滲透濃度相當的尿液，而過多的鹽分則由鄰近鼻子或眼睛的鹽腺排出。陸生爬蟲類的腎臟也再吸收腎元小管中的鹽與水，而尿液進入排泄腔（此爲消化與排泄共通管道）後，水會被再吸收。如此可維持在乾燥環境下的水平衡。

昆蟲（節肢動物）的泌尿系統爲馬氏管（Malpighian tubules），與脊椎動物大異其趣。馬氏管是消化道從後腸分支而成，爲細長的管子。這些小管並非如腎臟般的過濾血液，而是含氮代謝廢棄物與電解質（如尿酸與鈉、鉀）被主動分泌進入小管中。在馬氏管所形成的尿液進入後腸與消化的食物混合，大部分的水及鉀離子被腸子再吸收回來，代謝廢棄物最後由直腸排出。所以馬氏管提供另外一種有效的保留水分的方法。

哺乳類與鳥類沿用腎臟於泌尿系統。牠們已然更進一步演化出可產生更爲濃稠的尿液，所以僅需少量水就可排出代謝廢棄物。譬如說駱駝可排出比血漿濃八倍的尿液，所以可應付極爲乾燥的沙漠氣候。

人類的泌尿系統係由腎臟過濾血液後產生尿液，然後由輸尿管流入儲尿的膀胱，最後尿液從尿道排出體外。腎臟由約百萬個腎元所組成。腎元的頂端爲鮑氏囊（Bowman's capsule）。囊中，小動脈進入並分支形成微血管網絡，稱爲腎小球。這些微血管的管壁就是過濾器。血壓迫使體液通過微血管壁，但微血管壁攔住了血液細胞、蛋白質與一些大分子。而水，離子，小分子及尿素（代謝廢棄物）就通過了。濾液進入腎元小管，經過幾段不同的功能區。先是近曲小管，在此回收大部分的水，離子與有用的小分子包括葡萄

糖、胺基酸、維他命等。接下來是腎管，包括狹窄髮夾狀的亨利氏套（loop of Henle），亨利氏套上升支以及遠曲小管。亨利氏套為再吸收的結構，可吸收額外約 10% 的水，而亨利氏套上升支可主動吸收鹽分。到了遠曲小管，一些含氮廢棄物如尿酸、氨等會被主動運送至管內。腎管有了選擇性吸收與主動分泌的功能，可算是哺乳類適應乾燥環境的進展。最後是管徑較大的集尿管。在集尿管的水與鹽可進一步被吸收。最後的尿液進入輸尿管。

在因應水平衡的同時，也要同步處理含氮廢棄物的毒性。當動物體內處理胺基酸與核酸時，副產物就是含氮廢棄物。最簡單直接的含氮廢棄物就是氨。氨對細胞而言是有毒的，必須控制在很低的濃度才安全。對魚類或蝌蚪來說排出氨並不是問題，透過鰓就可移除。對於鯊魚、成熟的兩棲類以及哺乳類，氨就要轉化成毒性很低的尿素。尿素是水溶性的，人類是在肝臟轉化成尿素，再由血液運送至腎臟。爬蟲類，昆蟲與鳥類則將含氮廢棄物轉化為尿酸。尿酸僅略溶於水，易於沉澱，但僅需少量水就可排出。鳥類排泄物中，尿酸形成白漿狀物質。哺乳類也會產生一些尿酸，但多數哺乳類具有尿酸分解酵素，可將尿酸分解成可溶的物質。似乎只有人類、人猿以及大丹狗缺乏此酵素。對人類而言，過多的尿酸可能造成結晶堆積在關節處，可能引起痛風。

23. 動物感覺與神經系統的演化

　　神經系統可說是人體中最複雜的系統，無疑的，感覺與神經系統也是逐漸演化出來的。算是最爲原始的動物海綿是沒有神經的。最簡單的神經系統出現於刺絲胞動物如水螅中。其神經元都很類似，並彼此相連接成神經網絡而散布全身。這種簡單的神經網絡傳導很慢，沒什麼協調作用。所以神經受到刺激，自動產生反射動作。渦蟲（扁形動物）出現了較爲複雜的神經系統。渦蟲有兩條神經索貫穿全身，其間有神經相連，狀似直立梯子。兩條神經索在身體前端相接，形成較爲膨大的神經組織團，算是原始的腦。這簡單的中樞神經系統能夠控制比較複雜的肌肉反應。依此，渦蟲很可能就具有原始的觸覺反應。另外，渦蟲的頭部具有兩個眼點，算是簡單原始的感覺器官。眼點使渦蟲可辨別亮與暗，後續的視覺器官很可能是依此演化出來的。

　　到了環節動物如蚯蚓，神經系統已明顯分化成中樞神經系統（central nervous system）與周邊神經系統（peripheral nervous system）。環節動物的每個體節含有神經中心與周邊神經，前端體節包含感覺器官。其中一個前端體節含有發育良好的神經節或腦。神經索連接了每個體節的神經中心以及前端體節的腦。腦可協調蚯蚓的運動。有些環節動物已演化出精細的眼睛，具有水晶體及視網膜。

　　在軟體動物與節肢動物中，身體活動的協調更加局部化，顯示腦的功能逐漸增加。而眼睛已然演進得更爲複雜與精密，此顯示感

覺神經系統也越來越精細。由這些例子可看出，無脊椎動物神經系統的演化趨勢如下所述：

(1) 更為精細的感覺系統。

(2) 中樞與周邊神經系統的分化。

(3) 感覺與運動神經的分化。

(4) 關聯活動更為複雜：中樞神經系統演化出更多關聯神經元以增強其輔助能力。

(5) 腦功能更為提升。

　　脊索動物中的嗅球類已然演化出更特定的嗅覺器官。而脊椎動物更演化出頭來，以是，腦的演化可說是重頭戲。由無顎魚化石可看出原始魚類的腦已有三個主要部位：後腦、中腦以及前腦。後腦包括小腦以及延髓，負責協調性的運動反射。中腦主要為視葉，負責接收並處理視覺資訊。前腦包括視丘、腦垂體、下視丘、端腦以及嗅葉。嗅葉負責嗅覺。後腦為早期魚腦的主要部分，現今的魚類也是如此。若從發展過程來看，與運動協調相關的後腦最先，負責視覺的中腦其次，負責嗅覺的前腦最後出現。換言之，後續的演化將是前腦功能的精密與複雜化。

　　兩棲類、爬蟲類、鳥類以及哺乳類的前腦可分為兩部分：間腦（diencephalon）與端腦（telencephalon）。從兩棲類開始，前腦逐漸占優勢，而在爬蟲類上，前腦更加占優勢。到了鳥類，端腦已然占優勢。哺乳類的端腦，因其突顯而稱為大腦（cerebrum），已包住視葉，是腦的最大部位。人類的大腦已包住腦的其他部位，大腦的優勢算是達到最大了。

　　人類的神經系統可算是相當完善了，主要有兩個部分：中樞神經系統與周邊神經系統。中樞神經系統包括腦與脊髓。周邊神經系

統包括運動神經系統與感覺神經系統。

人腦最大的進展似乎是原始的爬蟲類腦上持續加疊大腦皮質層（cerebral cortex）。而大腦已是人腦最大的部分，約占85%。功能與容量的增強使得大腦成為不折不扣的控制中心。大腦的功能涵蓋了運動、感覺、語言、記憶、思維、性格發展以及所謂的思考與情感的腦神經活動。目前我們所知無多的意識作用主要也是在大腦中運作的。位於大腦下方的視丘以及下視丘是處理訊息的中心。視丘接收並處理感覺訊息，然後傳達給特定大腦皮質區。視丘也與小腦協同控制身體平衡。下視丘整合了身體內部的活動，也控制腦幹以調節體溫、血壓、呼吸以及心跳。下視丘也指揮腦下垂體分泌荷爾蒙，調控了內分泌系統。另外，下視丘藉由密集神經元網絡與部分大腦皮質區域連結，並與海馬迴（hippocampus）及杏仁體（amygdala）組成了邊緣系統（limbic system）。邊緣系統與情緒或深層精神有關。

從腦的基部延伸出者為小腦。小腦的主要功能為控制平衡、姿勢以及肌肉協調。腦幹（brain stem）包括中腦、橋腦以及延髓，主要將腦的其他部位連接至脊髓。此外，腦幹也具有控制呼吸、吞嚥以及消化過程的功能。

脊髓是從腦向下延伸，經過背骨的一整束神經元。脊髓被一列脊椎骨所保護著，而脊髓神經便從脊椎骨間連接至全身各處。身體與腦之間的訊息就在脊髓上游走，所以脊髓有若訊息的高速公路。

構成中樞神經系統組織的主要神經元為聯絡神經元（interneurons）。另外的兩種神經元為運動神經元（motor neurons）與感覺神經元（sensory neurons）。運動神經元與感覺神經元則構成了周邊神經系統。其中，運動神經系統包括軀體神經系

統與自主神經系統。軀體神經系統又稱爲隨意神經系統（voluntary nervous system），其運動神經元可刺激骨骼肌而啓動收縮。雖說是隨意，卻有兩種模式。其一爲骨骼肌依意識指令而啓動收縮動作，此爲眞隨意。譬如說你想拿東西，腦袋瓜讓運動神經元刺激手臂與手部肌肉而拿起東西。其二爲骨骼肌受特別的刺激而表現出反射動作。反射動作是更先演化出來的模式。眨眼就是一種很常見的反射動作，是保護眼睛的反射。有蟲子非過來，眼臉不經意眨一下，就是在大腦查覺有危險之前，反射動作就已發生了。

自主神經系統是不隨意神經系統（involuntary nervous system），主要負責刺激腺體及傳達指令至身體的平滑肌、心肌。自主神經系統是在的沒有察覺之下傳達指令的，所以有自主（autonomic）之名。自主神經系統是中樞神經系統用來維持身體恆定性的指令網絡。藉此系統可調節心跳，控制血壓、呼吸以及消化，也可調節腺體分泌淚液、黏液以及消化酵素。自主神經系統由兩種作用相反的部分所組成。其一爲交感神經系統（sympathetic nervous system），在危急或壓力存在下占優勢。其作用在於增高血壓、加快心跳以及增加血液流至肌肉。另一爲副交感神經系統（parasympathetic nervous system），其作用在於減緩心跳與呼吸，緩和危急狀態。多數腺體、平滑肌以及心肌便接受來自交感與副交感神經系統穩定輸入的訊息來加以協調的，而中樞神經系統藉由改變兩種訊息以控制這些組織器官的活動。換言之，神經系統已然演化至精巧綿密控制身體活動的境界。

感覺神經系統主要是由感覺神經元搭配具特有的感覺受器（sensory receptors）的感覺細胞或組織所組成的。通常，刺激訊號作用到感覺受器就產生了特定反應，然後感覺神經元將之轉換成電

位，也就是神經衝動，再傳輸到中樞神經系統。

感知體內情況的感覺受器是爲內感受器（interoceptors）。內感受器可偵測肌肉長度與張力、肢體位置、疼痛、血液化學、血壓、體溫等。譬如說皮膚具有兩種對溫度變化敏感的神經末梢，其一感知冷的刺激，另一感知熱的刺激。中樞神經系統藉由比較兩者傳來的訊息而得知體溫。這些內感受器比較近似於原始感覺受器，算是比較先演化出來的。有些內感受器就像持續運作的氣象觀測站，所偵測的數據傳送至中樞神經系統。這些訊息匯集到協調中心下視丘，並依此維持體內的衡定性。

一般人所熟知的五感中，觸覺也算是內感受器的範圍。皮膚表層下埋有多種的壓力受器（pressure receptors）可傳導觸覺。有些已特化成可感知快速壓力變化，有些可感測外施壓力所持續的時間與強度，而有些可感知震動。皮膚的壓力以及溫度變化的感知訊息傳到中樞神經系統加以處理，這就是主要的觸覺了。所以觸覺屬於比較原始的感官。耳朵則是特化的感覺器官。而除了聽覺外，耳朵還有感知重力與身體運動的功能。

人的內耳有半規管（semicircular canals）、橢圓囊（utricle）以及球囊（saccule）的構造，可利用纖毛感受器受刺激的訊息來判斷位置。內耳三個充滿液體的半規管互相垂直分布，以是成爲三維的偵測器。身體運動時，流動的液體將纖毛打歪（方向與運動方向相反），如是產生的訊息可讓大腦比較分析出身體的運動資訊。然而，等速直線運動時，半規管內的液體不會流動，人就不會有運動的感覺。所以有些人在行駛九彎十八拐的車上會暈車，但在高速公路上的車上不會暈車，就是這個因素。

在橢圓囊與球囊中，耳石顆粒與纖毛在膠質基質中形成一種感

受機構。耳石隨著重力而拉動其位置，如此刺激了纖毛感受器。大腦利用其訊息來決定身體直立方向。如此，人感知了重力，依此可用於身體的平衡。

耳朵的最主要功能爲聽覺，是藉由感知空氣振動而聽到聲音。聲波經耳道抵達耳內的鼓膜，壓力波拍打鼓膜時帶動了內側的三塊小骨、聽骨，然後作用在耳蝸（cochlea）內膜上。耳蝸內膜上的毛細胞爲聲音受器，而聲波所轉換成耳蝸管中液體的波動推動了毛細胞的擺動，也就是刺激了聲音受器形成了訊息。與毛細胞連接的感覺神經元啓動了神經衝動，傳輸至大腦產生聽覺。

感知外在環境刺激的感覺受器爲外感受器（exteroceptors）。因爲是感測外界，其演化更具多元性。人在空氣中有聽覺，那麼在水中的魚有沒有聽覺？其實魚有內耳。魚類的內耳中有一塊耳石，搭配了毛細胞（hair cells）以及感覺神經元構成了聽覺系統。由於水比空氣更易於傳導聲波，所以不需要外耳與中耳，也就是說魚類沒有外耳。耳石除了有聽聲音的用途之外，還可以用來保持平衡。另外，魚類還有一個可感知振動與聲波的側線系統（lateral line system）。側線就是魚身體兩側的那一排小孔。側線的小孔裡有側線器官，是由具纖毛的毛細胞與感覺神經元所組成的，對水流與水壓的變化相當敏感。通常，魚類聽近處的聲音使用內耳，聽遠處的聲音使用側線系統。當然，登陸之後的脊椎動物爬蟲類、哺乳類的側線系統就退化消失了。演化的多元性還可從聲納（sonar）運用的出現來看出。喜歡在黑暗中飛行的蝙蝠可發出超音波，並聆聽計算反射回來的訊息而判斷擋在前方的障礙。這種迴聲定位（echolocation）也被海下的鯨魚與海豚用來感知距離。

人類的味覺與嗅覺都是屬於化學感知的範圍。舌頭表面凸出的

乳突裡埋有味蕾，其內含有許多味覺受器細胞。味覺受器細胞上有微絨毛，分布於味覺毛孔（taste pore）以接觸化學物質。味蕾接觸到特定化學物質後，味覺細胞將訊息經由感覺神經元傳輸至大腦。各種味蕾可分辨如酸、甜、苦、鮮味等味道。必須注意的是辣椒的辣味並非屬於化學感受器，而是由痛覺感受器來感知的。嗅覺是由鼻道上皮內的化學感受器所感知。據說人可以辨識上千種的不同氣味。大家所熟知的有：香、臭、腥、膻、鮮、焦糊味等。

　　人類視覺也是演化到相當完善了。渦蟲有眼點可感知光的方向，但無法形成影像。環節、軟體、節肢以及脊椎四個門的動物則已演化可形成影像的眼睛。看起來有相似的功能，其實是各自獨立演化出來的，算是趨同演化。人類的眼睛從脊椎動物祖先演化至今，算是相當完善了。雖然人眼視力不如鷹眼，但在適應陸上環境相當優異。

　　人類的視覺器官眼睛有如照相機，光線通過具有聚焦透鏡功能的水晶體將影像投射在視網膜上，經偵測轉換，然後由視神經傳輸至大腦處理。水晶體有附著在其上的睫狀肌（ciliary muscles）來調整厚度，所以其焦距可依物體的遠近來改變而讓人看得清楚。眼睛角膜與水晶體間有功能像似快門的虹膜（iris）可調整瞳孔（pupil）的大小。光線暗時，瞳孔變大以增加進入眼睛的光線。如此，稍暗一點的情景也可看清楚。

　　人類視網膜具有兩類的視覺感受器。其一為視桿細胞（rods），對光線強度很敏感，所以對明暗感受很強烈。另一類為視椎細胞（cones），有三種，分別含有可以吸收藍光、綠光以及紅光的視紫質（rhodopsin）。視紫質吸收光子後誘發了化學反應，轉換為神經衝動。大腦比對三種視椎細胞傳來的訊息以計算顏色的

深淺。換言之對比才是決定影像的主要因素。人類視網膜中央黃斑部的中央窩（fovea）部位是由約三百萬個視椎細胞所構成，可產生最清晰的影像。所以我們可以凝視某物體使水晶體聚焦於此區而成像。人類因有此三種視椎細胞而恰能看到可見光。有些物種的眼睛還具有其他的視椎細胞，而可看到近紫外線。譬如說蜜蜂就可看到紫外線的波段。

人類的雙眼在臉上，往前看的視野是有重疊的。當雙眼聚焦在物體上，各自的視角有些差異，經大腦處理後可感知立體的影像。這種雙眼視覺（binocular vision）讓人可感知物體的深度與距離。這在靈長類祖先的演化上是相當重要的進展。因為可以正確判斷距離，原始靈長類很成功的適應樹上生活。

雖說人類的感覺系統還算完善，但已有其他動物為了適應環境而演化出人所未能感知的感覺系統。以電磁波而言，蜜蜂及一些物種可感知紫外線，而蝮蛇則可感知遠紅外線。蝮蛇在眼睛與鼻孔之間有一對窩器（pit organ），可偵測到遠紅外線熱源。此體制使得蝮蛇即使在視線被遮住，仍可準確定位其獵物。有些物種可感知電流訊號。軟骨魚類如鯊魚便具有電流感受器，讓鯊魚可偵測到其獵物肌肉收縮所產生的電場訊息。另外，鰻魚、鯊魚以及一些鳥類可順著地球磁場線游移或飛翔。此表示這些物種應已演化出磁場感受器。可以想像到，為了適應未來更為嚴苛的環境，某些物種可能演化出意想不到的感覺系統。

24. 免疫系統的演化

所有的生物的都有可能會面臨外敵的侵犯。最早，也是最簡單的防衛方法就是防止敵人的入侵。單細胞生物的細胞膜或細胞壁就是最簡單、直接的防衛方式。多細胞生物則發展出分化的表皮進行的簡單的防禦。對人類而言，皮膚與襯著體內表面的黏膜就是人體防衛系統的第一道防線。

少有微生物可以穿透過完整的皮膚。這是因為皮膚的表層，角質層，為死細胞，阻絕性高。但皮膚被割傷或灼傷，有了缺口，就容易發生感染。此外，皮膚裡的汗腺、皮脂腺會分泌一些對抗微生物的物質如乳酸、脂肪酸，使得許多細菌無法長期生存在皮膚之上。不過，像金黃色葡萄球菌就容易侵襲皮膚裡的腺體，可能引起感染。所以說衛生習慣真的是很重要，因為最好的防禦方式就是避免感染。嘴巴、耳、鼻、消化道、氣管、肺、泌尿道、陰道、子宮、眼睛等內部的表面也會接觸到外來物，這就由黏膜來構成第一道防線。黏膜所分泌的黏液可防止細菌附著到表皮細胞。微生物或外來物被黏液黏住，再藉由纖毛運動、打噴嚏、咳嗽等機械力量加以移除。此外，黏膜或腺體所分泌的一些物質還有消毒或殺菌的能力，譬如說唾液、鼻分泌物、眼淚中的溶解酵素、胃酸、乳汁中的乳酸過氧化酵素等，都有殺菌或對抗微生物的功能。另外一種完全不同的機制為棲身於黏膜表面的細菌生態，譬如說腸內的有益細菌如乳酸桿菌所製造出的乳酸、醋酸或腸菌素，可抑制有害細菌如腐敗性細菌的繁殖。腸內的有益細菌占上風時，腸子被感染的機會就

降低了。也就是說互助合作後共生的**趨勢**確實是一種演化方向。

　　如果微生物進入體內了，作為第二道防線的先天免疫系統（innate immune system）便開始運作了。幾乎所有的動物都具有先天免疫系統。換言之，先天免疫系統是較先演化出來的防禦機制。

　　先天免疫系統是非專一性的。這第二道防線的型式有四。其一為可對付入侵者的免疫細胞；其二為可對付入侵者的蛋白質；其三為發炎反應，可加速動員免疫細胞到感染的地方；第四為溫度反應，提高體溫以降低微生物的活性。

　　先天免疫系統只要碰到它們覺得是外來的東西，通常就會利用吞噬作用或細胞外毒殺作用處理外來物。白血球及淋巴球如單核球（monocyte）、巨噬細胞（macrophage）、嗜中性球（neutrophil）等免疫細胞可吞噬進入體內的異物，將之處理掉。自然殺手細胞（natural killer）則可殺死被病毒感染的細胞。嗜酸性球（eosinophil）則可藉由攻擊某些寄生蟲的細胞膜，並進一步傷害這些寄生蟲。至於什麼是外來的？自體細胞有所謂的主要組織相容複合體（major histocompatibility complex, MHC），可讓免疫細胞辨識敵我。

　　免疫細胞的吞噬作用應該可以說是先天免疫系統最常用的一種方式。巨噬細胞可說是最有效的吞噬細胞，其威力的確強大。問題是免疫細胞也要分辨得出敵我才行啊！否則體內許多自己東西通通被吞噬細胞吃掉，就會出亂子了。所以吞噬細胞必須在某些條件下才有功用。首先，吞噬細胞必須向外來物移動，接著附著上，最重要的是外來物必須能夠活化吞噬細胞的吞噬作用。有些外來微生物就具有一些原始的可辨識物質，可活化細胞膜的吞噬系統。有一些細菌自己就會發出活化細胞膜吞噬系統的訊息。另

外，有些細菌會產生一些物質可引起白血球的聚集，這稱為趨化性（chemotaxis）。然而，各種微生物可能會不斷的突變，因此形成不具有原始辨識機制的新品種。一旦新品種不具有上述的任何一種特性，就會使吞噬系統對之無效。好的消息是經過不斷的演化，身體又發展出另一套系統：補體（complement）系統來協助免疫細胞的作用。補體系統就是一類可對付入侵者的蛋白質。

補體系統是由二十多種蛋白質所構成。補體系統以十分複雜的方式參與免疫系統的功能。補體系統受到外來異物的刺激，可產生一連串快速而強烈的反應，然後催化某些特定的防衛功能。大致而言，補體系統有三類功用。有些補體分子可覆蓋於微生物的表面，而一些免疫細胞的細胞膜剛好有該補體分子的接受器，就容易使被補體覆蓋的微生物附著於免疫細胞的表面。這種補體使微生物帶著可供辨識的標記稱為調理化（opsonization）。所以補體系統的第一種功能就是促進附著反應。接著，補體系統被激活時，可能會產生的一些具有生物活性的分子，促進某些免疫功能。有的分子可以促使免疫細胞製造出具有殺菌效果的物質。有些分子可以促使肥大細胞（mast cell）分泌趨化性物質如組織胺（histamine）、白三烯素（leukotriene）而促使白血球往受侵襲的地方移動，並可能產生急性發炎反應（acute inflammatory reaction）。補體系統的第三種功能就是對微生物細胞膜的破壞。譬如說被活化的補體系統經一連串的反應，最後有種補體分子改變了結構，形成可插入細胞膜雙層脂質的分子，並聚集成一個環狀的可攻擊細胞膜的複合體，進而造成微生物的傷害。

想要讓免疫系統發生作用，免疫細胞的調動是相當重要的。在免疫系統的動員過程，所表現的一種現象就是發炎。發炎反應可能

是最早演化出來，也是最原始的一種主動防衛反應。而發炎反應也是許多原始無脊椎動物的主要防禦機制。

與發炎反應很有關係的是肥大細胞。當肥大細胞因受傷或微生物侵襲而被活化時，就會釋放出許多的物質如組織胺而引起發炎反應。發炎反應也提高體溫以降低微生物的活性。發炎所造成的腫脹本身並無任何療效，只是提高血流與物質的輸送速率而已，這場戰爭主要還是靠免疫細胞的作戰。

在發炎反應開始後，血液中的嗜中性白血球首先進入發炎組織。接著，單核白血球也尾隨而至。單核球到達發炎組織後，便會展開轉型的發育過程，搖身一變而成爲超人般的巨噬細胞。這些吞噬細胞可吞食微生物、異物或死亡的細胞。當吞噬細胞吃掉微生物，會將之分解消化，同時產生一些物質如蛋白質殘骸釋出，這些物質可能會進一步刺激發炎反應，並吸引更多的吞噬細胞到來。

有些活化的吞噬細胞還可以直接釋出可殺死微生物的物質，例如可分解或殺死細菌的殺菌酶、過氧化氫，或一氧化氮等毒素。被化學物質殺死掉的微生物也是由吞噬細胞負責清理。當然，所釋出的毒素無法分辨敵我，也可能傷害到正常的細胞。這就是爲什麼發炎總是那麼令人難過的一個重要原因。

然而，有些微生物並不適合於被免疫細胞吞噬。譬如說吞噬細胞並沒有辦法把巨大的寄生蟲吃掉，而與某種補體結合的嗜酸性球便可藉由細胞外毒殺作用處置寄生蟲。

如果侵入的微生物或病毒跑進了人體的細胞，那麼，我們的吞噬細胞便無法直接發現這種外來物。病毒就是很好的例子。病毒無法自行複製，必須進入宿主細胞內，利用宿主來繁殖。對此，有一種防衛機制爲消滅被感染的細胞。自然殺手細胞便是可以消滅被病

毒感染的免疫細胞。自然殺手細胞可以認出被病毒感染細胞的細胞膜上的特異醣蛋白結構。自然殺手細胞上有接受器可與這種特異醣蛋白結合。這時，自然殺手細胞便被活化，然後釋出一些物質如穿孔素（perforin）攻擊細胞膜，使被感染的細胞死亡。

另外，被病毒感染的細胞也會分泌干擾素（interferon）。有些干擾素被釋放出來後，會與未受感染細胞上的接受器結合，促使該細胞合成可使宿主與病毒的信使 RNA 分解的酶素以及一種蛋白質激酶（protein kinase）。這種蛋白質激酶可促使粒腺體質蛋白質磷酸化，使 mRNA 的轉錄受阻。所以干擾素可作用於未受感染細胞，預防其遭受感染，也可以作用於被感染細胞，防止病毒繼續繁殖。有時，醫生會用特定的干擾素來治療某些病毒感染性疾病如 B型肝炎。更重要的是許多不同的干擾素可加強自然殺手細胞的細胞毒殺能力。由於干擾素是被病毒感染的細胞所分泌的，因此可建立一個整合性良好的回饋防禦系統。

如果說外來的微生物繁殖速率過快，先天免疫系統也擋不住了，或是說微生物經由突變而發展出侵害先天免疫防衛能力，或者利用其特殊外表欺騙了先天免疫系統，那麼人體就可能會面臨重大的危機。所謂物競天擇，適者生存，有些動物與人體也發展出一套更為高明的防衛機制，就是專一性的後天免疫（acquired immunity）。大致來說，只有脊椎動物演化出後天免疫系統。這種機制可對入侵的微生物個個擊破，就是產生非常強大的專一性免疫功效，而一舉將敵人消滅，並可更輕易的應付其再度入侵。後天免疫系統就是人體防衛系統的第三道防線。

這種專一性的防衛機制的主體就是抗體（antibody）及一些相關的免疫細胞。抗體是一種接合器（adaptor）分子，具有三個主要

部分。第一個部分與補體反應，因而活化補體系統。第二個部分可與免疫細胞上的接受器結合，可刺激免疫細胞對付微生物。這兩種具生物功能的部分應該是恆定的。而第三個部分負責連結某一種微生物、外來物或微生物所造成的物質。這部分專門辨識異物，係藉由形狀上精確的互補性而產生的。

當抗體與異物或微生物結合之後，有可能降低其毒性或活性。有時候看起來似乎抗體可中和外來物的毒性。所以有些醫生可能使用特定的抗體來治療某些疾病。比較重要的是抗體與微生物結合之後會活化補體系統。如此可誘發發炎反應，加強先天免疫能力。而吞噬細胞可利用表面的特別接受器來辨認與微生物結合的抗體，有時是要兩個或多個抗體與微生物的複合體才會激發吞噬作用。這種多價的結合力可使微生物與吞噬細胞間的附著力呈幾何級數的增加。也就是說在足夠的數量下，這種專一性的抗體就可以保證足以消滅敵人。

可與抗體緊密結合，並誘發後續免疫反應的分子稱為抗原（antigen）。抗原可以是蛋白質、醣類、核苷酸或其他種類的分子。抗原的原意為可以產生抗體者（antigen 為 generates antibody 的縮稱）。通常，抗體的形成是在遇到抗原之前就已經發生了。製造抗體是由一種稱為 B 細胞的淋巴細胞所負責的。B 細胞的先質出現在胎兒肝臟裡造血細胞的島內，然後轉移至骨髓進行分化而成 B 細胞。因為在骨髓中分化產生而稱為 B 細胞。每一個 B 細胞僅能產生一種抗體。B 細胞把所產生的那種抗體呈現在表面作為接受器，然後就可供抗原篩選。每一個 B 細胞表面可能有多達十萬個抗體分子。這樣，合適的抗原只要碰到該 B 細胞，就很有機會與抗體結合，並引發後續的反應。

　　當抗原進入體內，就會遭遇到帶有不同的抗體的各種B細胞。抗原只會跟那些合適的抗體結合。如果B細胞表面上的抗體與抗原緊密結合後，就有一個激發訊號產生，促使這B細胞發展成可製造抗體的漿細胞。所以說是抗原挑選出那些能有效辨識它的抗體。

　　每當有一種新的抗原進入體內，依其數量與作用時間，就會發展出可製造相應抗體的一群B細胞族群。這種第一次的反應，或稱原發反應，需要比較久的時間。一些實驗顯示在抗原第一次進入體內後約數天後才能在血清中看見可測得到的抗體。接著，抗體數量會達最高峰，然後下降。經過第一次刺激以後，即使抗原已被消滅了，很可能體內還保留有相當數量的製造此種抗體的B細胞，以備不時之需。也就是說以後，體內通常會有可測得數量的此種抗體。這樣的設計也相當合理。因為當體內對某種抗原產生抗體反應後，表示這種抗原是存在我們的環境中，將來很有機會再遇到。所以當相同的抗原再度進入體內，次發的二次抗體反應就變得更快速、更強烈。約在兩、三天內，血中抗體會急速上升，其濃度要比原發反應的抗體濃度高很多。典型免疫反應如圖9所示。所以有些疾病只要感染一次，就變成終身免疫了。這表示後天的免疫具有記憶性。而利用毒性極低的抗原對免疫系統進行原發反應的刺激，可使體內產生適合的抗體以及免疫記憶性。這就是疫苗注射，也成為現代預防疾病感染的有效方法。當然，後天的免疫並非只有B細胞參與，人體內還有些淋巴細胞如T細胞，也負責免疫記憶性，並參與後天的免疫反應。

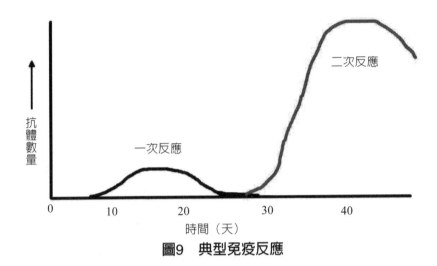

圖9　典型免疫反應

　　T 細胞最初在骨髓中生成，然後在胸腺發育成熟，隨後被派遣至各種淋巴組織。由於是在胸腺（thymus）發育成熟的，故稱為 T 細胞。其中，負責辨識抗原並協助 B 細胞產生抗體者為輔助型 T 細胞（T-helper cells），有時又被稱為 T4 細胞或 CD4 細胞。輔助型 T 細胞本身也備有抗體，也是把抗體放在細胞表面作為接受器。當抗原與輔助型 T 細胞密切的結合後，就會被活化而不斷的分裂。增生的輔助型 T 細胞就會釋出一些作用物質，例如介白素 -2（interleukin-2，簡稱 IL-2）刺激 B 細胞分裂。如此就可篩選出合適抗體 B 細胞。也就是說，輔助型 T 細胞在後天的免疫反應上扮演著重要的角色。

　　愛滋病是一種後天免疫不全症候群，通常是因感染愛滋病毒 HIV（human immunodeficiency virus）所造成的。輔助型 T 細胞就是愛滋病毒的主要攻擊目標。當許多的輔助型 T 細胞被愛滋病毒大量殘殺後，就會大幅減弱免疫系統的功能，使得人體更容易遭受各種感染。

　　當輔助型 T 細胞活化了 B 細胞，形成了一大群 B 細胞來製造抗體以對抗敵人。這種專一性抗體可以很快的消滅敵人。而抗原被消除掉以後，就應該回復正常，B 細胞也該停止分裂了。如果 B 細胞仍然持續分裂，就會出問題了！譬如說過敏常是過度的抗體反應所引起的。所以人體還需要有一個抑制機制，以免失控。這個任務由另一種 T 細胞負責。早先的動物實驗顯示有些被特定處理過的 T 細胞竟然會抑制某種專一性抗體的形成，並被稱為傳染性免疫耐受（infectious tolerance）。這種可誘發免疫耐受性的淋巴細胞稱為抑制型 T 細胞。如此，就有了完整的回饋系統。

　　基本上，整個抗體反應是由抗原濃度所控制。有些抗原可直接刺激 B 細胞產生抗體。當抗原濃度很高時，就可能刺激 B 細胞分裂，並製造大量抗體。抗原濃度降低到某種程度，B 細胞就停止分裂。這種製造抗體的漿細胞有一定壽命（譬如說數天），所以抗體濃度就逐漸下降。但還有一些 B 細胞繼續維持其生命與活性，就成為記憶細胞。有些抗體反應需要 T 細胞的幫助。當抗原濃度很高時，輔助型 T 細胞受到活化而分裂增殖，並刺激 B 細胞分裂、製造抗體。而抗原濃度降到很低時，抑制型 T 細胞就會阻止輔助型 T 細胞的分裂。抗體濃度也隨著降低。有一些輔助型 T 細胞也會保留起來作為記憶細胞。

　　外來的敵人有各種的型式，例如細菌、病毒或其他異物，後天免疫系統如何去辨識它們呢？有時，這需要先天免疫系統的協助。當吞噬細胞如巨噬細胞將細菌、病毒或其他入侵者吞掉了，就會利用酵素將入侵者的表面蛋白質部分分解。然後，把一些表面蛋白質或蛋白質片段崁在自己的細胞膜上，呈現給後天的免疫細胞看，教導後天免疫系統辨識敵人的特徵。這些入侵者的片段可以引

發抗體反應，就是抗原了！而吞噬細胞也就成了後天免疫系統的「抗原呈現細胞」。當適合的抗體被誘發之後，外來的敵人就很容易被消滅了。

如果引起感染的是病毒，抗體當然也可以黏附於病毒表面。可是，病毒是以細胞爲宿主，體液中的抗體就無法對付已經躲進細胞的病毒。後天免疫系統也發展出一種專門對付被病毒感染的細胞。細胞毒殺型 T 細胞（cytotoxic T-cells）可負責這種任務。當病毒入侵細胞，並藉由宿主細胞製造自己的蛋白質，這些蛋白質會崁入細胞膜，而成爲所謂的表面抗原。細胞毒殺型 T 細胞也配備有形狀類似抗體的接受器，可與病毒蛋白結合，就可辨識出被感染的細胞。然後，細胞毒殺型 T 細胞就與被感染細胞緊密接觸，釋放一些物質誘導被感染細胞啓動內在的自殺程式，使其致死。同時，它也會釋放出干擾素，防止鄰近的細胞受感染。另外，有一種特別的輔助型 T 細胞辨識出被病毒感染的細胞後，會釋出一些物質刺激單核白血球轉化爲巨噬細胞，進而吞食被感染的細胞。

然而，有些微生物如細菌或寄生蟲發展出避開先天殺菌機制，可在巨噬細胞中生存。像分枝桿菌（mycobacteria）及利脣曼蟲（Leishmania）就是喜歡在巨噬細胞內生活。在這種情形下，巨噬細胞僅能處理微生物的抗原片段，然後會將抗原呈現於細胞表面。有一種輔助型 T 細胞可辨識出表面抗原，然後釋出一些淋巴激素（lymphokines）。這包括了干擾素及可活化巨噬細胞的因子，可將原先被抑制的巨噬細胞殺菌機制打開，殺死細胞內的微生物。

另外，人體本身的細胞也有可能受各種因素的影響而產生變異。當有些基因發生嚴重變異，並依此合成出怪異的蛋白質呈現於細胞膜上，免疫系統也會查覺，認爲這種是外來的，就篩選出合適

的抗體與之結合。自然殺手細胞在這方面扮演著重要的角色。自然
殺手細胞辨識出嚴重的變異細胞如癌細胞後，就會貼身靠近，並
釋放出一些物質，啓動目標細胞的自殺程式，或者釋出酵素在癌
細胞膜上打洞，使其致死。通常，這些嚴重變異的細胞在惹出麻煩
前，總是會被功能正常的免疫系統清除掉。許多研究人員相信，如
果沒有自然殺手細胞，人們罹患癌症的機會將大幅增高。

　　如果說抗體是由抗原所篩選出來的，那麼，人體本身的細胞或
蛋白質是不是也會變成抗原呢？正常的情形下，免疫系統是可以分
辨出自我與非自我的分子。這可能是在生命的初期，譬如說胚胎
期，淋巴細胞在發育時就環繞著各式各樣自我的分子，就對自我的
分子產生免疫耐受性（immunological tolerance）。所以體內原有的
分子就不會誘發抗體反應。

　　那麼，細胞或組織的情形又如何呢？免疫系統分辨敵我細胞
的主要方式是辨識細胞表面的蛋白質分子，也就是主要組織相容
複合體（簡稱 MHC）。MHC 也稱爲人類淋巴細胞抗原（human
leukocyte antigen）。MHC 爲蛋白質所構成的分子。每個人至少
有六種不同的 MHC，而每種 MHC 又有許多不同的類型。組合起
來，幾乎每個人都是獨一無二的（同卵雙胞胎可能是例外）。這些
MHC 呈現於細胞表面作爲辨識敵我的標記。免疫系統配備有形狀
吻合的標記蛋白接受器，可辨識自己身體所擁有的特有的標記，並
可攻擊那些標記不同的細胞。在器官移植時，MHC 越接近，越不
容易產生排斥現象。人類的血型分類就是依據後天免疫反應，也就
是紅血球的表面抗原類型。以 ABO 系統爲例，紅血球表面抗原可
能有 A 型、B 型、A 與 B 型（AB 型）都有以及 A 與 B 型都沒有（O
型）的情況。免疫系統可以容忍自己的紅血球表面抗原。A 型的人

不會產生抗 -A 抗體，但會產生抗 -B 抗體，所以 B 型的血液遇到 B 型血清就會凝聚在一起。所以輸血前血型的篩選是必要的，以免發生凝集現象。

MHC 蛋白還有協助後天免疫反應的功能。T 細胞接受器、抗原性蛋白質（片段）及 MHC 三者緊密結合，就會誘發非常強烈的免疫反應。也就是說，MHC 的確在後天免疫系統上扮演了重要的角色。

我們可以從人類對抗最近的新冠病毒（Coronavirus disease 2019，COVID-19）來看人類所演化出的免疫系統。策略之一為避免感染。之二為開發疫苗。第三為發展有效的治療藥物。

或許是資訊與大數據所帶來的無比魅力，COVID-19 疫苗的開發似乎是無比的順利。各種疫苗技術似乎在這巨大病毒災難的舞台上燦爛的舞動著。目前已被成功運用的疫苗技術有：不活化疫苗或去活化疫苗（inactivated vaccine）、蛋白質亞基疫苗、病毒載體疫苗以及 mRNA 疫苗。

去活化疫苗為較為老式的疫苗技術，主要是利用已殺滅的病原體作為抗原來誘導免疫反應。也就是說抗原是沒有毒性的。一般而言，去活化疫苗的副作用較低，但免疫反應可能較慢。另外，去活化疫苗的量產性似乎需要較久的時間。目前，已有多種 COVID-19 的去活化疫苗顯示不錯的效果。

通常，誘發免疫反應抗原往往是蛋白質。蛋白質亞基疫苗就是採用蛋白質次單位（protein subunit）或重組蛋白作為抗原，相當於利用純化的病毒片段來刺激免疫反應。其優點為安全性高，保存性優良。然而，純化技術還是個量產的關卡，所使用的免疫佐劑也可能產生副作用。目前已有數種蛋白質亞基疫苗顯示不錯的效果。

　　病毒載體疫苗利用特定病毒傳送抗原的遺傳物質進入宿主細胞。經歷一連串細胞反應後呈現出了抗原的蛋白質以誘發免疫反應。所用的病毒載體為腺病毒。腺病毒為沒有套膜的 DNA 病毒，對淋巴腺有親和力。如若將 COVID-19 的蛋白質（譬如說棘蛋白）基因導入無毒的腺病毒內，依此病毒載體可將 COVID-19 蛋白質基因送進細胞內。宿主細胞就可依 COVID-19 蛋白質基因轉錄成 mRNA，再由核糖體轉譯成蛋白質。所形成的 COVID-19 蛋白質釋放到血液中，就可能誘發體液免疫（一次反應）。如若 COVID-19 蛋白質被呈現在細胞膜上，就可能誘發細胞免疫反應。譬如說美國嬌生公司以 COVID-19 棘蛋白的基因為核心，人類腺病毒為載體，開發出所謂的嬌生疫苗就有不錯的效果。英國牛津大學與阿斯特捷利康製藥合作，以表面糖蛋白為抗原，以改良的黑猩猩腺病毒為載體，開發出所謂的 AZ 疫苗，也有不錯的效果。當前的數據顯示病毒載體疫苗的接種者似乎比較容易有副作用。

　　mRNA 疫苗算是相當新的疫苗技術。1989 年，有人發表過，將 mRNA 包裹在固體脂質奈米粒載體中，可以把 mRNA 導入細胞中。於是此技術被用於疫苗的開發。之前並沒有 mRNA 疫苗能夠投入大規模臨床使用，直到最近的兩款 COVID-19 的 mRNA 疫苗的的臨床試驗結果顯示令人驚豔的成果。我們應可以預期，mRNA 疫苗技術有機會成為人類未來面對嚴重傳染病的利器。固體脂質奈米粒載體將編碼抗原的 mRNA 分子帶進細胞中。細胞的核糖體將 mRNA 轉譯成抗原蛋白質。抗原蛋白質被釋放到血液中，或呈現在細胞膜上，就可誘發免疫反應。美國輝瑞與德國 BioNTech 合作所製的 BNT 疫苗在三期臨床的保護率達 95%，而美國莫德納所製的莫德納疫苗在三期臨床的保護率也達 94%。這確實是令人鼓舞

的數據。

相比於傳統疫苗，mRNA 疫苗有許多優點。其一，疫苗製造成本低、生產效率高。其二，無細胞生產，受微生物汙染的機會也相對較低。其三，mRNA 疫苗的安全性相對較高。然而，mRNA疫苗相對來說不十分穩定，需要低溫儲存，運送時也需要冷鏈技術，儲存與運送成本高。另外，我們對 mRNA 疫苗的長期副作用的了解很少，還有待未來才能夠釐清。

從生命的演化史來看，人類的免疫系統已然演進得相當完善。然而，疫苗技術的進展似乎在以人工的方式大幅影響自然的演化軌跡。這是應該戒慎恐懼去面對的課題。

25. 內分泌系統

　　內分泌系統藉由釋出荷爾蒙（hormone），也就是化學訊號，來調控身體的活動。生命現象就是眾多化學反應組合的結果，所以利用荷爾蒙來調控生理活動確實是演化上合理的選擇。譬如說兩棲類動物從幼體轉變形態為成體時，需要甲狀腺荷爾蒙；而人類的甲狀腺荷爾蒙除了促進正常的生長與發育外，還可刺激新陳代謝速率。由於化學反應變化多端，內分泌系統的演化軌跡難以有效確認。在此以人類的內分泌系統來說明其特徵。

　　內分泌系統的作用與控制可能遠比我們想像的還要複雜許多。一般而言，荷爾蒙，或稱激素，是由內分泌腺體（endocrine glands）所產生的。但大部分內分泌腺體是受到神經系統的控制。我們通常將下視丘（屬於神經系統）當作內分泌系統的控制中心，因其指揮腦下垂體分泌荷爾蒙，調控了內分泌系統。主要的內分泌腺體有腦下垂體、松果腺、甲狀腺、副甲狀腺、腎上腺、胰臟的胰島、胸腺、女性的卵巢及男性的睪丸，還有一些在胃腸黏膜及腎臟裡的小內分泌腺。

　　下視丘（hypothalamus）不斷的檢查身體狀況，以維持衡定的內在環境。譬如說下視丘需要加速心跳時，它可送出一個神經訊號讓心跳加快，也可送出化學訊號如甲狀腺刺激激素，使得甲狀腺釋出甲狀腺素，也可讓心跳加快。運用神經訊號的反應（response）快速。而運用化學訊號可持續較久的時間，且荷爾蒙可透過血液送達各處組織，還具有選擇性。化學的選擇性就是分子尺度的生

命演化路徑。地球生命體早已演化出不同類別的荷爾蒙。有一類為類固醇荷爾蒙，其為脂溶性分子如動情激素，可通過細胞膜。另一類荷爾蒙通常為水溶性，包括短鏈的多胜肽如胰島素，糖蛋白（glycoproteins）如黃體刺激激素（luteinizing hormone）以及胺類（amines）如甲狀腺素。至於如何選擇？那就是利用分子形狀來辨識。荷爾蒙的典型運作路徑如下：

(1) 下視丘發出命令，讓特定腺體釋出荷爾蒙。

(2) 傳送訊號。荷爾蒙由血液運送到身體各處。

(3) 選中目標。荷爾蒙遇到具有吻合受體的目標細胞後，荷爾蒙就可跟受體蛋白結合。

(4) 產生效應。荷爾蒙與受體蛋白結合，引發了細胞活性而進行特定的作用。

　　腦下垂體（pituitary）可算是內分泌系統的主宰，可分泌數種重要的荷爾蒙。這些荷爾蒙包括：生長激素（growth hormone），可促進發育與生長；甲狀腺刺激激素（thyroid-stimulating hormone），可控制甲狀腺（thyroid gland）分泌甲狀腺素（thyroxine）；腎上腺皮質刺激激素（adrenocorticotropic hormone），可刺激腎上腺皮質（adrenal cortex）分泌腎上腺皮質素（adrenocortical hormone）；濾泡刺激激素（follicle-stimulating hormone），可刺激卵巢內濾泡（follicle）的生長，並刺激卵巢分泌動情激素，或刺激男性的精子的發育；黃體刺激激素（luteinizing hormone），可刺激卵巢的卵子成熟與排卵，並刺激卵巢分泌黃體激素（progesterone），或刺激男性的睪丸分泌睪丸激素（睪固酮，testosterone）；催乳激素（prolactin），可刺激乳腺分泌乳汁；黑色素細胞刺激激素（melanocyte-stimulating hormone），促使皮膚

變得更深；抗利尿激素（antidiuretic hormone），可減少尿量的生產，並有使血壓提高的效果；催產激素（oxytocin），可刺激子宮收縮，大量分泌時有催生的效果。腦下垂體控制著許多內分泌腺體，但是它本身也受到兩種節制。第一種節制來自於神經系統的影響。人的感覺神經及自律神經傳來的訊息，大腦的思想等資訊在大腦裡統合整理，所作成的決議會透過下視丘分泌荷爾蒙，促使腦下垂體分泌控制各腺體的荷爾蒙。另外，下視丘也會透過自律神經傳達訊息到腎上腺髓質，分泌腎上腺髓質素來應付緊急狀況。第二種節制來自於松果腺。

松果腺（pineal gland）是常被忽略的內分泌腺體。天黑了，松果腺因黑暗環境的刺激而分泌松果腺素（pineal gland hormones）。松果腺素有抑制腦下垂體，甲狀腺及其他一些內分泌腺體的功能。這表示該休息了。天亮了，光線的刺激使松果腺受到抑制。這時，其他內分泌腺體開始活動了。所以松果腺有若生理時鐘，調節著睡眠 - 清醒週期。此外，松果腺還可能調節並協調各種器官系統的相互作用，控制老化過程的進行。褪黑激素（melatonin）是比較出名的松果腺素，常常被用來作為調整時差的處方。其實，褪黑激素還可能有延年益壽、保持青春活力、增強免疫系統能力、對抗壓力、抗氧化、抗癌以及改善睡眠品質的功效。

甲狀腺可說是代謝的恆定器，在生長與平衡上扮演重要的角色。甲狀腺可分泌數種荷爾蒙，其中最重要的兩種為甲狀腺素與降鈣素（calcitonin）。甲狀腺素可促進生長，也可提升代謝速率。降鈣素則可控制血液中鈣的濃度。副甲狀腺（parathyroid glands）為四個連在甲狀腺上的小腺體。副甲狀腺所分泌的副甲狀腺素（parathyroid hormone）可控制血液中鈣、磷的濃度。嚴格說，降

鈣素與副甲狀腺素互相搭配來控制血液中鈣的濃度。血鈣值過高時，降鈣素會促使成骨細胞吸收鈣質而降低鈣的濃度。相反的，血鈣值太低時，副甲狀腺素會促使腎臟吸收鈣離子，或是活化維他命D幫助小腸吸收鈣質，或者刺激破骨細胞將骨中的鈣質釋放到血液中。以是血液中鈣的濃度可維持在很窄的範圍內。

腎上腺（adrenal glands）有兩個部分：髓質（medulla）與皮質（cortex）。腎上腺髓質可分泌腎上腺素（adrenaline）與正腎上腺素（norepinephrine），在緊急情況下用來調度能量。這些荷爾蒙的效應包括加速血液循環、升高血壓以及提高血糖。腎上腺皮質可製造皮質醇（cortisol）與醛固酮（aldosterone）。醛固酮主要作用於腎臟，促使腎小管對鈉離子與水的再吸收以及排出鉀離子。所以醛固酮有助於調節血壓。至於皮質醇則可調節糖類、脂肪、蛋白質的代謝。我們所熟知的就是促進糖類的代謝以及降低發炎反應。傳統上所謂的腎上腺皮質素除了皮質醇之外還包括其他糖皮質激素（glucocorticoids）如可體松（cortisone）等類固醇荷爾蒙。而一些合成的荷爾蒙也以腎上腺皮質素稱之。以前發現腎上腺皮質素的抗發炎效果，就被用為藥物，但長期使用有很大的副作用。總之，腎上腺算是緊急時所動用的腺體。

胰臟（pancreas）的胰島（islets of Langerhans）可分泌一些荷爾蒙，其中包括胰島素（insulin）、升糖素（glucagon）以及生長抑制因子（somatostatin）。胰島素與升糖素的交互作用正是調控血糖的機制。而胰島素失調所造成的高血糖現象就是大家所熟知的糖尿病（diabetes mellitus）。

睪丸（testicle）與卵巢（ovary）分別為男女的性腺器官。睪丸可分泌睪固酮，可促進男性第二性徵以及性器官的發育，還

可刺激精子的製造。卵巢所分泌的動情激素（estrogen）在青春期時促進女性的性器官以及第一與第二性徵的發育，之後使子宮每月爲懷孕做準備。卵巢所分泌的另一主要荷爾蒙爲黃體激素（progesterone），可完成子宮對懷孕的準備，還可刺激乳房的發育。

26. 生殖的演化與造人計畫

　　真核細胞演化出減數分裂以後，生殖策略從無性生殖朝著有性生殖的大方向演進。而生命演化史也邁向多樣化的路徑，脊椎動物便是其中的翹楚。當然，有些動物還可以維持無性生殖模式。腔腸動物如水螅係以出芽（budding）的方式繁殖，親代的芽體脫離母體後分化形成新的個體。這就是無性生殖。而減數分裂是用來製造有性生殖的配子（gamete）。一般而言，雄性動物的配子為精子，雌性配子為卵子。二者結合所形成的合子為受精卵。

　　雖則已演化出性別，有些動物仍有些不同於雌雄異體的生殖模式。其一為單性生殖（parthenogenesis）。有些動物發展出卵子不需精子也可發育成新個體。有些蜥蜴可以生下未受精的蛋，還可以存活並發育成個體。比較常見者為昆蟲的單性生殖。譬如說蜜蜂的蜂后只交配一次並將精子保存。排卵時如無精子，卵子發育成雄的工蜂（drones）。若卵子受精，就發育成蜂后或雌性工蜂。其二為雌雄同體（hermaphroditism）。條蟲為雌雄同體，可以自體受精，但若有機會遇到另一隻條蟲，也可行異體交配受精。蚯蚓或深海鮟鱇魚也是雌雄同體，通常需要另一個體以進行異體受精繁殖。第三為順序雌雄同體（sequential hermaphroditism）。其意為成體的性別依序改變以進行繁殖。譬如說小丑魚出生時為雄性，可能在某個時間點轉換為雌性，是為雄性先熟雌雄同體（protandry）。而更為普遍的為雌性先熟雌雄同體（protogyny）。

　　雖然雌雄異體的生殖模式普遍出現於現今的動物中，可是如何

決定性別呢？顯然也是演化來的。從順序雌雄同體的情形來看，有些魚類以及爬蟲類物種顯然在環境變化下會改變性別。或許說早期的性別決定是為適應環境的演化結果。而哺乳類與人類的性別是在胚胎發育的早期決定了。近來的證據顯示人類的 Y 染色體上有所謂的性別決定基因。女性具有 XX 染色體，其性腺會發育成卵巢。男性具有 XY 染色體，男性的胚胎的生殖系統在前 40 天與女性是類似的。之後，Y 染色體的性別決定基因的產物讓性腺發育成睪丸。胚胎的睪丸一旦形成，就會開始分泌睪固酮以及相關荷爾蒙以促使胚胎形成男性外生殖器以及附屬生殖器官。而如若沒有睪丸分泌男性荷爾蒙，哺乳類胚胎是預設發育成女性外生殖器以及附屬性器官。

　　脊椎動物有性生殖策略的演化顯然受環境的影響很大。在海洋中，許多的魚類的雌性會產下大量的蛋或卵。該物種的雄性通常會將精子釋放到含卵的水中，兩性的配子就在水中結合。這種策略為體外受精（external fertilization）。

　　配子在水中會快速散開，所以雌雄魚通常會同時釋放出配子以利結合。所以雌雄魚要有默契，有循氣候者，有循環境者，還有循月亮週期者。有些魚類每年繁殖一次，應該就是利用季節性使雌雄個體的繁殖時程同期化。遵循月亮週期者應該是選用最容易感受到的潮汐變化。月亮離地球最近時，因重力關係使得海潮高漲，也就是大潮，許多海洋生物可感知此變化而演化出繁殖週期。或許，人類雌性的月經亦如是。

　　登陸後的陸生脊椎動物演化出體內受精（internal fertilization）的策略。對於小又弱的配子而言，陸地上乾燥的環境所造成的脫水危機是很難抵擋的。以是，陸生脊椎動物演化出將雄性配子置入雌

性體內的生殖管腔中以進行受精。當然，也有些其他魚類或其他動物也演化出體內受精。

體內受精的脊椎動物發展出三種胚胎以及胎兒的發育策略。以胎兒出生的方式可區分為卵生、卵胎生以及胎生。體內受精的卵被產出後，在母體外完成胚胎發育者是為卵生。卵子受精後仍然停留在母體內完成胚胎發育，而胚胎成長所需的養分來自於卵黃，待胚胎發育成胎兒後脫離母體者稱為卵胎生。胎兒由母體獲取養分而完成發育者稱為胎生。

演化列車上我們可看到生殖策略的多樣性，存活者往往是少數。許多硬骨魚類採用體外受精，只有卵黃提供發育所需的養分，以是快速發育成幼魚。在水中獵食者眾，於是，其策略就是單次交配形成很多的受精卵。最後只有少數能存活且成長為成熟的個體。多數軟骨魚類採用體內受精以及胎生，幼魚的存活率大幅提高。

多數兩棲類採用體外受精。受精卵在水中發育，孵化成水棲幼蟲，用鰓呼吸。水棲的幼蟲最後成長變態成用肺呼吸的成體。

多數爬蟲類以及所有的鳥類都是卵生。為了適應陸上生活，爬蟲類演化出羊膜以保護胚胎發育。不透水的羊膜卵提供了多層保護以免乾掉。此外，在受精卵通過輸卵管時形成了蛋殼，多了機械力保護結構。卵生的鳥類為溫血動物，其受精卵須要保持溫度才可孵化，也就是要孵蛋才可產出幼鳥。卵生之外，也有些爬蟲類為屬於卵胎生或胎生。

哺乳類是動物界裡多樣化程度最高的一類，生殖策略也相當多樣化。比較原始的單孔目如鴨嘴獸屬於卵生動物。有袋類如袋鼠所產下胚胎尚未發育完全。以是，胚胎留在母體皮膚所形成的袋狀構

造內繼續發育，並依賴母體乳腺所分泌的乳汁提供養分。演化的奇妙性在此顯露無遺。多數哺乳類包括人類屬於胎盤哺乳類。

　　人類所演化出的生殖系統似乎已能有效的保護胚胎的發育，而其過程的控制也顯得相當的神奇。

　　人類的雄性配子，也就是精子，是由睪丸所製造出的。人類精子在人類正常體溫（37℃）下無法完全成功發育，所以兩顆睪丸會懸掛在兩腿間的袋狀陰囊中，以維持約34～35℃的溫度。實驗結果顯示人類精子生存的最適溫度是在35℃左右。爲何如此演化呢？兩腿間掛著兩顆蛋確實不利於運動，或許只有更重要的交配策略導致如此的發展。從跟人類親緣最接近的黑猩猩來看，雌性黑猩猩確實更喜歡睪丸大的雄性伴侶。也就是說似乎是雌性選擇更有生殖力雄性所導致的演化結果。在人類睪丸中有許多疊滿纏繞的細精管（seminiferous tubules）的區域，其外圍有生殖細胞（germinal cells）。這些生殖細胞也是具有46個染色體的雙倍體。生殖細胞先變成雙倍體的初級精母細胞，再分裂形成兩個單倍體的次級精母細胞（減數分裂 I），然後分裂形成四個單倍體的精子細胞（減數分裂 II）。細精管壁內的賽特利氏細胞協助精子細胞發育成精子。精子只有23個染色體。精子由睪丸送達副睪（epididymis），約18小時後發育成可運動的成熟精子。精子模樣像是蝌蚪，具頭，體部及尾巴。頭部緊包著核，體部有許多粒腺體可推動具有鞭毛的尾巴。成熟精子由輸精管送至生殖道與泌尿道會合的尿道，其間精子混在儲精囊（seminal vesicles）與攝護腺（prostate gland）所分泌的精液，最後在交配時由陰莖排出。當精子進入女性生殖道後，上升的溫度或許有效地啓動精子，開啓搶奪卵子的長征之路。

　　人類雌性的卵子是由卵巢最外層的卵母細胞（oocytes）發育

而成。女性出生後，每個卵巢約有 2 百萬個卵母細胞，都啟動了第一次減數分裂，也稱為初級卵母細胞。初級卵母細胞都處於第一次減數分裂的前期，以等待荷爾蒙訊息啟動後續的發育。女性在青春期開始性成熟，腦下垂體所分泌的濾泡刺激激素及黃體刺激激素的訊號可以開啟少數卵母細胞的減數分裂後續程序。其中只有一個卵子會成功發育成熟，其他會萎縮。初級卵母細胞的第一次減數分裂形成了一個單倍體的次級卵母細胞與一個極體。次級卵母細胞進行第二次減數分裂形成了一個單倍體的卵子與第二個極體。含初級卵母細胞的某初級濾泡受濾泡刺激激素的影響開始發育，成熟後成為含有次級卵母細胞的成熟濾泡。然後濾泡破裂，釋出單倍體的次級卵母細胞至輸卵管。此為排卵。排卵後，卵子會由輸卵管往子宮走，過程約 5 到 7 天，然後到達子宮。交配後精子從陰道游入子宮，再到輸卵管。精子在輸卵管內約可存活 6 天。每次都有眾多的精子參與遠征，其中僅有少數的精子能夠在輸卵管內游近卵子。這一些精子遇到卵子時，會釋出酵素，將包裹在卵子外的顆粒層細胞間的膠質物分解。精子還必須穿過卵子外的第二層保護膜──膠質的透明帶，以及通過膜下的種種辨識因子。如果一個精子的表面蛋白質與卵子的辨識因子完美契合，便會使精子與卵子的細胞膜融合。精子與卵子就這樣結合了。一旦第一個精子進入之後，卵子就會立刻打開了鈣離子通道，讓鈣離子湧入細胞質中，並使原本帶負電的細胞膜變成帶正電。如此，產生一股靜電，斥離其他的精子。這股電流也同時起動了受精卵的發育程式。首先，次級卵母細胞會完成第二次減數分裂而形成了一個單倍體的卵子與第二個極體。原來的第一個極體分裂成二個沒什麼功能的極體。雌雄兩個單倍體核結合成雙倍體合子。受精卵經過一序列細胞分裂，並沿輸卵

管往子宮移動，最後到達子宮且附著於子宮內膜，也就是著床。

　　精子與卵子結合成受精卵後要在子宮壁上著床，母體就要準備好合適的環境。人類所演化出的生殖週期爲雌性的月經週期（menstrual cycle），是由荷爾蒙所調控的。月經週期分爲兩期：濾泡期（follicular phase）以及黃體期（luteal phase）。濾泡期爲月經週期的前 14 天，主要讓卵子發育到排卵爲止。下視丘分泌促性腺素釋放激素（gonadotropin-releasing hormones）促使腦下垂體分泌少許的濾泡刺激激素與黃體刺激激素。濾泡刺激激素刺激濾泡發育，而發育中的濾泡也分泌了雌性荷爾蒙動情激素（estrogen）。濾泡逐漸發育成熟，動情激素的分泌量提高，此訊息也表示該是交配的時機了。當成熟濾泡破裂，排卵了，濾泡期就完成了。當血液中動情激素含量提升時，下視丘促使腦下垂體分泌更多的濾泡刺激激素以及大量的黃體刺激激素，高峰點就在排卵時。排卵後進入約 14 天的黃體期。卵子釋出後，動情激素的含量下降，而破裂的熟濾在大量黃體刺激激素的主導下被修復成實心的黃體（corpus luteum）。黃體很快的分泌黃體激素。大量的黃體激素也回饋抑制濾泡刺激激素與黃體刺激激素的分泌，以免再次排卵。黃體激素協助母體做受孕的準備，促使子宮內膜增厚。如若卵子未能受精，黃體激素就會減產，最後停止生產，黃體期結束。增厚的子宮內膜剝落，伴隨著月經出血。如果卵子在輸卵管內受精，合子一邊往子宮移動，一邊進行所謂的卵裂（cleavage）的細胞分裂。然後在囊胚（blastocyst）期會嵌入子宮內膜。所形成的胚體會分泌類黃體激素，也就是人類絨毛促性腺激素（human chorionic gonadotropin）。類黃體激素可讓黃體持續分泌高量的黃體激素以及雌性荷爾蒙，以免懷孕時發生月經。人類絨毛促性腺激素可作爲

懷孕檢測的依據。

　　從胚胎發育的過程中，我們也看到一些演化的軌跡。受精（fertilization）後就開啓了一連串的精心設計的發育程序。卵子本身就具備有初期幾回細胞分裂的所需的指令及裝備。只要受精的訊息出現，就會開始進行細胞分裂——卵裂。初期的卵裂過程中，大小不變，但細胞數目快速增加。受精後的第 3 天，受精卵經過了三回合的細胞分裂，發展到 8 個細胞時，細胞還是一樣的，尚未分化。細胞分裂成 16 到 64 個細胞時，稱爲桑椹胚（morula）。分化現象也開始出現。在 64 個細胞期，有 61 個細胞會形成滋養外層，3 個細胞發育成胚胎本體。隨後持續分裂與分化，並分泌液體到細胞團的中心，最後形成中空球體的囊胚。中央充滿液體的地方爲囊胚腔。囊胚的一端爲內細胞團（inner cell mass），將會發育成胚胎。滋養外層的外圍細胞形成了滋胚層細胞，其一分化爲包覆胚胎的羊膜（amnion），另一爲絨毛膜（chorion），會與子宮組織一起形成胎盤（placenta）。外圍細胞也會製造類黃體激素，通知子宮準備迎接囊胚的到來。接著，囊胚的外層會長出觸手，伸入子宮深處，抓住母體的血管，以特殊的酵素分解血管，讓母親的血湧進囊胚，滋養內細胞團。約 7 天大的囊胚就著床於子宮壁上。類黃體激素讓母體暫停了月經週期。

　　當胚胎細胞分裂之後，常會持續的分化，子代細胞便多負擔了一些親代細胞所無法表現的形態與功能。而到底每個新細胞的命運是完全由基因的藍圖所主宰，或是細胞所處的環境也扮演著調控的角色？有些簡單的動物，如線蟲，僅由約一千個細胞所構成，其發育模式大體應該是依據基因的藍圖。線蟲的發育都是依照完全相同的模式。然而，人體是由數兆個細胞所構成，有兩百多種細胞形

態，這並無法完全由基因所決定。事實上，在分化過程中，人體細胞的形態與功能，有部分是依靠遺傳自親代細胞所獲得的基因活化形式，也有部分是仰賴環境因子。新一代的細胞的下一步分化過程是由基因的開啟、關閉組合型式、鄰近細胞所分泌的物質以及所處環境所含有的分子訊息來共同決定。而送達某特定細胞的分子訊息，也依細胞在胚胎中的位置而定。換言之，胚體與胚胎的發育非常有可能受到外界的影響。

囊胚著床以後，囊胚的內細胞團開始進行偉大的發育工程。大約受精後的第二週，原本沉默的內細胞團開始動了起來，以非常精確嫻熟的特有技術，自行組合、發育成複雜的結構。胚體也漸漸發育爲胚胎。首先，囊胚內細胞團下層細胞分化形成內胚層（endoderm），上層細胞則分化形成外胚層（ectoderm）。在此之後，中胚層（mesoderm）由向內凹陷的上層細胞與胚胎中線原索（primitive streak）共同分化而成。如此，所謂的原腸胚（gastrula）形成了。這過程隱約指出早期祖先的演化是從二胚層發展到三胚層的。而三胚層的演化是促使動物多樣化的重要因素之一。

在原腸胚形成過程，細胞所移動到的位置大抵決定了未來的分化方向。三種初級胚層最後的發育命運大不相同。外胚層發育爲表皮膚、指甲、鼻、口、肛門、感覺器官以及神經系統。內胚層發育成內消化道、呼吸道、肝臟、胰臟以及其他腺體。中胚層發育成爲骨骼、肌肉、心臟、血管以及性腺等。

約到了第三週，所謂的神經胚（neurula）逐漸形成。在胚胎發育過程中，第一個形成的器官就是脊索（notochord）。在原腸胚完成後，沿著胚胎中線的背部表面形成柔性的桿狀脊索，然後神經管在脊索上形成，並於後續分化成爲脊髓與腦。當神經管由外胚層

形成時，其他基本架構由中胚層分化形成，脊索兩邊也會形成分段狀的體節組織。隨後，這些體節組織發育成肌肉、脊椎以及結締組織。這過程也隱約指出早期的脊椎動物演化自其脊索動物祖先。

懷孕後約第四週，胚胎的器官逐漸形成。此期，心臟開始規律搏動。這簡單的心臟推動著胚胎血球細胞，流遍胚胎，流經臍帶，周遊胎盤，再回到胚胎。而胚胎的發育可說是一日千里，急遽變化。經過四週後，胚胎成長到約 0.5 公分長。

懷孕的第二個月，胚胎外形變化很大，並開始成形。四肢已顯現雛形，體腔中也可看到肝臟與胰臟等主要器官。到了第三個月，除了肺臟以及腦部之外，胚胎的器官大都發育完成了。肺臟的發育要到妊娠（gestation）第三期才完成，而腦部會持續發育到出生後。懷孕到第三個月，一般也稱為妊娠第一期，主要器官確立，手腳開始運動，這發育中的個體也從胚胎改稱為胎兒（fetus）。此期，胎兒成長到約 6 公分長，重約 10 公克。

在胚體與胚胎的發育中，所有的過程必須完全正確無誤。當發育過程中偶爾出現錯誤時，就有可能造成令人心碎的結果。譬如說有些婦女在懷孕期間服用一種沙利竇邁（Thali-domide）的鎮定劑，竟然造成嬰兒手臂有如魚鰭的畸形症狀。

在胚胎發育過程中，我們確實可看得到一些演化的軌跡。懷孕後，初期的人類胚胎與其他動物的胚胎極為相似。或者說所有的脊椎動物的早期的胚胎幾乎難分軒輊。這暗示著所有的動物可能都擁有相同古老的演化環節。早期的人類胚胎也有鰓囊，在魚類中鰓囊後來發育成鰓與尾巴，但在人類則衍生為骨骼、肌肉等組織構造。第四週的人類胚胎還有骨質尾巴，隨後融合成尾骨，表示尾巴是退化掉了。第二個月的人類胚胎的眼睛部位還在頭部的兩側，隨

著頭部生長的加速，到了第三個月，眼睛已然位於臉的前面。這是靈長類動物的演化進展。人類胚胎的手腳在第二個月還是連在一起的手板與足板，到了第三個月才形成手指與腳趾。這是演化出來的程式化死亡機制，也是胚胎發育的必經歷程。約在第六週，人類胚胎的手板上有四排細胞進行了程式化死亡，然後手指逐漸形成了。

妊娠第二期（四到六個月）為胎兒生長期，胎兒可成長到約30公分長。胎兒的骨頭約在第四個月形成，而約在第五個月，像是絨毛的毛髮覆蓋全身。這種胎毛（lanugo）也算是另外一項人類進化的遺跡，在後續的發育期會消失的。

原本嬰兒的性別是由性染色體所決定。當精子與卵子結合後，如果是形成兩個 X 染色體，便會誕生一個女孩。如果染色體的組合為 XY，便是男孩了。但是，實際上支配性器官結構的卻是荷爾蒙的功能。早先，胎兒的外性器都具有女性器的傾向。對於男胎兒，在懷孕後約第十一週到第十八週，會分泌大量的男性荷爾蒙，促使其形成陰囊與陰莖等男性器官。如果這段時間荷爾蒙的分泌失調，譬如說男性荷爾蒙的分泌量嚴重不足，出生後的嬰兒就可能有女性化的現象，甚至於成為陰陽人。同樣的情形，如果這段時間女胎兒分泌過多的男性荷爾蒙，出生後的嬰兒就可能有男性化的傾向。

妊娠第三期（七個月到出生），胎兒快速生長。此期，肺臟發育完成，多數的主要大腦神經束以及新神經細胞也發育形成。此期胎兒的生長主要依賴胎盤供應養分。如若母體的營養不良，就可能影響到胎兒的發育。在出生前，胎兒的神經生長其實還未完全。何以不等神經生長完全才出生呢？出生後嬰兒就可以走可以跑，這也很好啊！現實這就是演化的選擇結果。如若胎兒繼續成長，體積太

大就可能無法通過母體的骨盆，那就難產了。

　　當胎兒發出啓動分娩的信號，母體荷爾蒙也有所改變以利分娩。孕婦分泌出更多的催產素（oxytocin），子宮開始收縮，而子宮頸也開始擴張。經過一段陸續增強的陣痛，子宮頸完全擴張，子宮收縮會不斷變得更密集後，胎兒被推出了子宮而由陰道產出。生產之後，母體子宮繼續收縮並排出胎盤。

　　母體在懷孕後期會促使乳腺完成準備。通常在生產之後約三天，腦下垂體所分泌的催乳激素可刺激乳腺分泌乳汁。而嬰兒吸乳時也會刺激乳腺分泌乳汁。也就是在最自然的環境下，人類嬰兒的成長是需要母乳的。

　　整個造人計畫可說是精密無比的策劃，基因的藍圖在極爲久遠的演化歷程已將胚體與胚胎的發育所需的程序刻劃在其中。而地球生命現象實是無比珍貴的，個人也期望所有人都能夠珍惜生命。

參考文獻

1. 維基百科：https://zh.wikipedia.org/wiki

2. 林鼎章譯（J. Silk 原著），宇宙簡史（A Short History of the Universe），遠哲科學教育基金會，臺北，2001。

3. 蔡承志譯（C. Potter 原著），一本就通：宇宙史（You are Here: A Portable History of the Universe），聯經出版事業股份有限公司，臺北，2011。

4. 張啓陽譯（J. C. Narlikar 原著），宇宙七大奇觀（Seven Wonders of the Cosmos），寰宇出版股份有限公司，臺北，2000。

5. 蘇聖翔譯（井田茂・中本泰史原著），宇宙新事實！新・太陽系全解，瑞昇文化事業股份有限公司，臺北，2011。

6. 陳佩均譯（大宮信光原著），50則史上最偉大的科學理論：物理・化學篇，瑞昇文化事業股份有限公司，臺北，2011。

7. 蘇聖翔譯（大宮信光原著），50則史上最偉大的科學理論：宇宙・地球・生物篇，瑞昇文化事業股份有限公司，臺北，2011。

8. 陸劍豪譯（L. M. Krauss 原著），一顆原子的時空之旅：從大霹靂到生命誕生的故事（Atom: An Odyssey from the Big Bang to Life on Earth .... and Beyond），究竟出版社股份有限公司，臺北，2002。

9. 張啓陽譯（T. Ferris 原著），銀河系大定位（Coming of Age in the Milky Way），遠流出版事業股份有限公司，臺北，2004。

10. 丘宏義譯（M. Rees 原著），宇宙的 6 個神奇數字（Just Six Numbers: The Deep Forces That Shape the Universe），天下遠見出版股份有限公司，臺北，2001。

11. 涂可欣譯（B. Rensberger 原著），一粒細胞見世界（Life Itself,

Exploring the Realm of the living Cell），天下遠見出版股份有限公司，臺北，1998。

12. N. A. Campbell, J. B. Reece, L. A. Urry, M. L. Cain, S. A. Wasserman, P. V. Minorsky, R. B. Jackson., Biology, 8th Ed., Pearson Education, Inc., San Francisco, 2008.

13. 劉仲康、蕭淑娟、陳錦翠譯（G. B. Johnson 原著），普通生物學（The Living World, 9th Ed.），McGraw-Hill- 臺灣東華書局股份有限公司，臺北，2019。

14. 林育興、王愛義、顧雅眞、蔡文翔、洪志宏、施科念、廖美華、高婷玉譯（E. J. Simon, J. L. Dickey, K. A. Hogan, J. B. Reece），生物學（Campbell Essential Biology, 5th Ed.），蒼海圖書資訊股份有限公司，新北市，2017。

15. T. McKee, J. R. Mckee, Biochemistry, the Molecular Basis of Life, 6th Ed., Oxford University Press, New York, 2017.

16. 李豐，從甲狀腺腫談到人體荷爾蒙，正中書局，1977。

17. 郭素菁譯（W. Regelson, C. Colman 原著），舉世矚目超級荷爾蒙的奇跡（The Super hormone Promise：Nature's Antidote to Aging），世茂出版社，臺北，1998。

18. 林俊宏譯（Y. N. Harari 原著），人類大歷史：從野獸到扮演上帝（Sapiens: A Brief History of Humankind），遠見天下文化出版股份有限公司，臺北，2014。

19. 林俊宏譯（Y. N. Harari 原著），人類大命運：從智人到神人（Homo Deus: A Brief History of Tomorrow），遠見天下文化出版股份有限公司，臺北，2017。

國家圖書館出版品預行編目(CIP)資料

地球生命簡史／蔡宏斌著. --初版. --臺北市：
五南圖書出版股份有限公司, 2024.04
面；公分
ISBN 978-626-393-079-7(平裝)

1.CST: 演化論　2.CST: 生物學史
3.CST: 演化生物學

362　　　　　　　113001795

5P42

地球生命簡史

作　　者 ─ 蔡宏斌（368.8）

發 行 人 ─ 楊榮川

總 經 理 ─ 楊士清

總 編 輯 ─ 楊秀麗

副總編輯 ─ 王正華

責任編輯 ─ 金明芬

封面設計 ─ 封怡彤

出 版 者 ─ 五南圖書出版股份有限公司

地　　址：106台北市大安區和平東路二段339號4樓

電　　話：(02)2705-5066　　傳　　真：(02)2706-6100

網　　址：https://www.wunan.com.tw

電子郵件：wunan@wunan.com.tw

劃撥帳號：01068953

戶　　名：五南圖書出版股份有限公司

法律顧問　林勝安律師

出版日期　2024年 4 月初版一刷

定　　價　新臺幣300元

經典永恆·名著常在

◆

五十週年的獻禮 ── 經典名著文庫

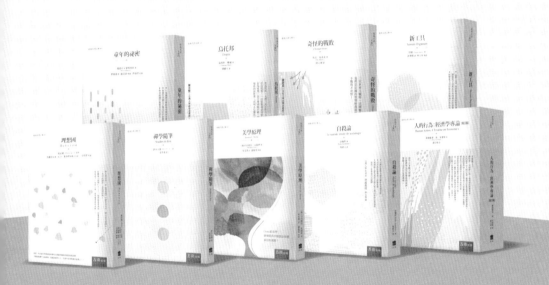

五南，五十年了，半個世紀，人生旅程的一大半，走過來了。

思索著，邁向百年的未來歷程，能為知識界、文化學術界作些什麼？

在速食文化的生態下，有什麼值得讓人雋永品味的？

歷代經典·當今名著，經過時間的洗禮，千錘百鍊，流傳至今，光芒耀人；

不僅使我們能領悟前人的智慧，同時也增深加廣我們思考的深度與視野。

我們決心投入巨資，有計畫的系統梳選，成立「經典名著文庫」，

希望收入古今中外思想性的、充滿睿智與獨見的經典、名著。

這是一項理想性的、永續性的巨大出版工程。

不在意讀者的眾寡，只考慮它的學術價值，力求完整展現先哲思想的軌跡；

為知識界開啟一片智慧之窗，營造一座百花綻放的世界文明公園，

任君遨遊、取菁吸蜜、嘉惠學子！